中国特色高水平建筑装饰工程技术专业群建设系列教材
高职教育新形态工作手册式教材

建筑施工图设计员
工作手册

主编　但功水
参编　张国良　刘克彬　崔　硕

天津大学出版社
TIANJIN UNIVERSITY PRESS

图书在版编目(CIP)数据

建筑施工图设计员工作手册 / 但功水主编 ; 张国良,
刘克彬, 崔硕参编. -- 天津 : 天津大学出版社, 2024.5
中国特色高水平建筑装饰工程技术专业群建设系列教
材. 高职教育新形态工作手册式教材
ISBN 978-7-5618-7710-4

Ⅰ. ①建… Ⅱ. ①但… ②张… ③刘… ④崔… Ⅲ.
①建筑制图－识图－高等职业教育－教材 Ⅳ.
①TU204.21

中国国家版本馆CIP数据核字(2024)第081528号

出版发行 天津大学出版社
地　　址 天津市卫津路92号天津大学内（邮编:300072）
电　　话 发行部:022-27403647
网　　址 www.tjupress.com.cn
印　　刷 天津泰宇印务有限公司
经　　销 全国各地新华书店
开　　本 787mm×1092mm　1/16
印　　张 4.75
字　　数 74千
版　　次 2024年5月第1版
印　　次 2024年5月第1次
定　　价 30.00元

前　　言

为深入贯彻全国职业教育大会精神，落实中共中央办公厅、国务院办公厅《关于推动现代职业教育高质量发展的意见》，进一步做好职业学校学生实习工作，教育部、工业和信息化部、财政部、人力资源社会保障部、应急管理部、国资委、市场监管总局和中国银保监会于2022年1月完成了对《职业学校学生实习管理规定》（以下简称《规定》）的修订工作。

《规定》明确指出，职业学校学生实习，是指实施全日制学历教育的中职学校、高职专科学校、高职本科学校学生按照专业培养目标要求和人才培养方案安排，由职业学校安排或者经职业学校批准自行到企（事）业等单位进行职业道德和技术技能培养的实践性教育教学活动，包括认识实习和岗位实习。岗位实习指具备一定实践岗位工作能力的学生，在专业人员指导下，辅助或相对独立参与实际工作的活动。岗位实习包括跟岗实习和顶岗实习。岗位实习期间给学生安排的工作内容应基本覆盖其专业所对应岗位（群）的典型工作任务，不得仅安排学生从事简单重复劳动。建筑施工图设计是建筑施工图设计员的典型工作任务，为了更好地帮助建筑设计专业的实习学生熟悉岗位、适应岗位、胜任岗位，编者结合江苏建筑职业技术学院中国特色高水平专业群建设开展了本书的编写工作。

本书由江苏建筑职业技术学院但功水主编。中衡设计集团股份有限公司张国良提供了部分实际工程案例图纸并参与了学习单元2的编写工作，江苏久鼎嘉和工程设计咨询有限公司刘克彬和中衡设计集团股份有限公司徐州分公司崔硕参与了学习单元4建筑详图绘制视频的录制，中国矿业大学季翔教授完成了本书的审定工作，在此一并致以衷心的感谢。

由于编者编写水平有限，书中难免存在不足和疏漏之处，敬请读者批评指正。

编者

2024年4月

目　　录

学习单元 1　岗位简介

1.1　任职条件

任职条件是指从事某一岗位工作的人员应当具备的资格条件，包括文化水平、工作经验或经历、技术业务水平等。任职条件是达到岗位绩效标准的人员保证条件。上岗人员是否完全具备任职条件，直接关系到能否高质量地达到岗位绩效标准。因而建筑施工图设计员必须具备以下基本任职条件。

(1)建筑设计、建筑学等相关专业毕业，具备大专及以上学历。

(2)能够熟练使用 AutoCAD、天正建筑或 Revit 等建筑辅助设计软件。

(3)熟练掌握相关房屋建筑制图标准，熟悉相关建筑设计规范和标准。

(4)热爱本职工作，有良好的沟通能力，具有责任心、敬业精神及团队精神。

1.2　岗位职责

建筑施工图设计员在技术上、设计上接受专业负责人的指导，并对所承担设计内容的质量和进度负责。其主要职责如下。

(1)按制图标准、设计深度、项目统一技术措施要求和制订的设计进度计划，按时完成所承担的设计内容。

(2)准确无误地执行专业定案意见，保证与已确定的设计理念相一致。

(3)校核结构、设备专业的要求与自己所承担的设计内容要求是否一致。

(4)负责图纸自校。

(5)在专业负责人安排下，参加专业定案、图纸会签、施工图交底、现场服务及工程验收。

学习单元 2 设计流程

2.1 方案评判

在初步设计或施工图设计开始前，首先应进行方案评判，目的是避免方案存在硬伤或违反国家强制性条文的要求。方案评判一般应由专业负责人把关，大型和重点项目审核人或审定人同时参与此项工作。设计员也应积极主动参与此阶段工作，以提高自身专业技术水平。

一般具体做法如下。

(1)充分理解建筑方案的核心设计理念，同时查阅相关规范、规程、规定和标准，确认总平面的建筑间距、退界、日照间距、出入口的位置、消防通道、高层登高操作场地等是否符合要求，确认各单体设计方案是否满足各种规定特别是强制性条文的要求，确认所设计建筑的建筑面积、人防面积、容积率、覆盖率、绿化率、建筑高度等是否满足该项目的批文要求。

(2)方案如存在不满足上述要求或不合理等问题，应以书面形式提出调整意见，交给甲方和方案设计方完善。

(3)在施工图设计开始前，如方案还存在不满足某些要求的问题，应给甲方发出书面的风险提示，明确告知甲方该项目现存的问题和在图纸审查、报建、竣工验收阶段可能存在的风险。

2.2 专业定案

方案评判后，各专业设计员进一步梳理本专业存在的问题。专业负责人召集各专业相关设计员参加专业定案会，会上由审核人或审定人解决各专业提出的相关问题。

一般建筑专业需要定案的常规内容如下。

(1)确定建筑间距和退界。

(2)确定建筑性质(多层住宅、高层住宅、商住楼、综合楼等)、建筑类别；厂房和仓库应确定火灾危险性分类、耐火等级、防火分区划分原则、安全疏散距离和宽度、楼梯形式、楼梯宽度和数量、消防电梯数量、防火墙或防火卷帘的部位和形式。

(3)确定重点部位构造做法和面层厚度。

(4)确定 ±0.000 标高(相当于绝对标高)的数值。

(5)确定出图比例和图幅。

(6)明确本专业设计重点、难点，落实解决方案。

2.3 绘制条件图

专业定案后，建筑施工图设计员开始绘制建筑施工条件图。为了确保条件图质量及相关工作有效开展，条件图应经专业负责人(重要项目应经审核人或审定人)过目，确认准确无误后再发给相关专业。

一般具体做法如下。

(1)初步设计阶段条件图一般一次性发给相关专业，其内容包括总平面图、平面图、立面图、剖面图和防火分区图。

(2)施工图设计阶段条件图一般分三批发给相关专业，其内容如下。

第一批条件图：图纸部分包括总平面图、平面图、立面图、剖面图和防火分区图；文字部分包括屋面构造做法、面层厚度、内外装修材料等。

第二批条件图：楼梯、核心筒、电梯、扶梯、卫生间、住宅单元、自行车和汽车坡道等放大图。

第三批条件图：剖面节点(墙体、窗台、女儿墙、挑檐等)详图和平面节点详图。

(3)随着设计的不断深入，能准确反映结构构件截面和设备布置的平面图应再次发给各专业，作为各专业正式出图的依据。

(4)建筑节能数据计算完成后，应及时给通风空调专业提供各部位围护结构的相关数据，以便通风空调专业的设计数据与建筑专业的统一。

2.4 综合定案

综合定案一般在相关专业收到建筑专业提供的第一批条件图并完成本专业定案之后进行，目的是协调和解决各专业之间的主要技术问题。综合定案由项目总负责人负责组织，各专业负责人及建筑审核人参加(大型和重点项目应有审定人参加)。

一般具体做法如下。

(1)建筑专业将专业定案时确定的消防类别、防火分区划分、消防电梯设置、防火卷帘的部位和形式、防火墙位置、墙体材料、各部位楼面面层厚度、±0.000标高、室内外墙装修材料和屋面构造等与各专业有关的内容明确告知各专业。

(2)设备专业确认设备用房和设备管井的数量、面积、高度、位置等是否满足要求。

(3)结构专业确认变形缝设置位置和宽度是否满足要求。

(4)对室内净高受限制和设备管线较多的空间(如走廊和地下室等)进行大致的管线综合，明确设备管线的截面尺寸、排列方式、大致走向和该部位的结构梁高，明确是否有设备管道需要在梁上留洞。

（5）各专业反提条件给建筑专业，确认建筑条件是否满足其他专业的要求。

（6）明确统一的出图比例和图幅。

2.5 完善图纸

提供条件图后，建筑专业会收到其他专业的反馈意见以及综合定案意见。这就需要建筑施工图设计员不停地对建筑图纸进行修改和完善，进一步补充与其他专业相关的图纸和内容，使其达到相应阶段设计成果的深度要求。

一般具体做法如下。

（1）初步设计阶段还应补充文字部分，一般包括专业设计说明、消防专篇、节能专篇、日照分析报告、图纸目录、室内外装修材料表。

（2）施工图设计阶段应补充的图纸和内容如下。

①编制图纸目录（一般采用A4纸大小的专用图纸目录）。

②平面图上添加门、窗、隔断、防火卷帘等的编号，在砌体墙上标注设备留洞（消火栓、电表箱、空调管线等）位置。

③门窗和玻璃幕墙立面图。

④施工图阶段节能计算，并把节能计算的结果准确地反映在施工设计图纸和说明中，同时核对与通风空调专业设计取值是否一致。

⑤详图索引。将已画的放大图和节点详图索引到平面图、剖面图或立面图上，将建筑构件详图和构造做法索引到标准图上。

⑥完成首页，其内容一般包括建筑设计总说明、选用标准图纸目录、室内外装修构造做法表、门窗和防火卷帘明细表。

2.6 图纸校审

图纸校审的主要目的是保证设计成果具体、准确、详尽，杜绝错、漏、碰、缺，满足各种条文、规定的要求。图纸校审一般包括图纸自校、校对、审核三部分。首先图纸设计员进行自校并修改。其次校对人或专业负责人对修改后的图纸进行校对，提出校对意见；图纸设计员根据意见进行修改。最后审核人或审定人进行图纸审核，并提出审核意见；图纸设计员根据审核意见进行最后的图纸修改。

2.7 图纸送审

对设计图纸进行校审及修改后，将全部施工图纸提交至单位归口部门，由单位统一报送施工图审查公司进行审查。审查过程中如有相关技术问题应积极与施工图审查公司的负责人沟通。同时根据施工图审查公司提供的建筑专业审图意见单，以书面形式答复其提出的问题。如图纸需要修改或变更，则应把修改后的图纸同答复意见单一起交给施工图审查公司；如果答复与变更未被施工图审查公司审核通过，则应继续进行答复与变更，直到审核通过为止。

2.8　后期服务

后期服务主要存在于工程建造阶段。设计公司要及时做好配合工作，并解决和控制工程建造过程中出现的一系列问题，确保项目的实施方案与设计图纸一致，从而保证工程质量。后期服务主要由项目负责人负责，建筑施工图设计员做好相关配合工作。一般后期服务包括设计交底、图纸会审、现场服务和工程验收。

（1）设计交底是向施工单位详细阐述设计意图、施工难点、注意事项和特殊要求，对设计采用的新技术、新材料进行重点介绍并提出质量控制要求。

（2）图纸会审是在施工前针对施工单位和监理单位对设计图纸提出的问题进行沟通与交流，做好相应记录并给予解答。一般问题可在图纸会审单的设计单位栏中进行回复；若修改较大、补充较多，则应另出修改通知单或修改图纸。

（3）现场服务是根据建设单位和施工单位的实际需要处理和解决施工中的技术问题，如配合建设单位和施工单位确定材料（包括材料种类、型号、规格、色彩、质感等），进行现场实物比选。

（4）工程验收是各有关部门在施工现场组织的验收，详细检查各部位的施工完成情况，确认工程是否满足设计要求和验收标准。

学习单元 3 设计依据

一旦发生质量或使用事故,施工图纸是判定技术与法律责任的主要依据。因此,施工图设计员在设计的过程中要做到件件有交待,处处有依据,同时要注意设计依据的时效性和有效性。

3.1 建筑标准

建筑标准主要包括住房城乡建设部批准发布的国家规范、标准及各省、自治区、直辖市住房和城乡建设厅批准发布的地方性标准。在进行规范适用性判断时,设计员应按从严原则或从新原则执行。对于同一要求,地方性标准要严于国家标准,设计时应以地方性标准为准;如地方未制定相关标准,则以国家标准为准。

(1)常用的国家标准有《民用建筑通用规范》《民用建筑设计统一标准》《建筑防火通用规范》《建筑设计防火规范》《无障碍设计规范》《建筑工程建筑面积计算规范》《住宅建筑规范》《住宅设计规范》《托儿所、幼儿园建筑设计规范》《中小学校设计规范》《宿舍建筑设计规范》《办公建筑设计标准》《商店建筑设计规范》《饮食建筑设计标准》《旅馆建筑设计规范》《展览建筑设计规范》《城市居住区规划设计标准》《城市公共厕所设计标准》《物流建筑设计规范》《车库建筑设计规范》《汽车库、修车库、停车场设计防火规范》《民用建筑绿色设计规范》《绿色建筑评价标准》《民用建筑热工设计规范》《公共建筑节能设计标准》《既有建筑维护与改造通用规范》《屋面工程技术规范》《地下工程防水技术规范》《房屋建筑制图统一标准》《建筑制图标准》《总图制图标准》等。

(2)常用的地方性标准有《住宅设计标准》《居住建筑热环境和节能设计标准》《公共建筑节能设计标准》《住宅工程质量通病控制标准》《绿色建筑设计标准》等。

3.2 建筑图集

建筑图集一般以构造和装修为主,包括国家建筑标准设计图集和地方性建筑标准设计图集,主要包含以下十二类。

(1)墙图集:主要有砖墙建筑结构构造、烧结页岩多孔砖—砌块墙体建筑构造、蒸压加气混凝土砌块—板材构造、内隔墙建筑构造、内隔墙轻质条板、预制混凝土外墙挂板、夹心保温墙建筑与结构构造、外墙内保温建筑构造、外墙外保温建筑构造、墙体建筑节能构造等图集。

（2）楼地面图集：主要有楼地面建筑构造、地下建筑防水构造、地沟及盖板、窗井—设备吊装口—排水沟—集水坑等图集。

（3）屋面图集：主要有平屋面建筑构造、坡屋面建筑构造、平屋面改坡屋面建筑构造、种植屋面建筑构造、屋面节能建筑构造等图集。

（4）门窗图集：主要有木门窗、不锈钢门窗、塑料门窗、铝合金门窗、百叶窗、建筑节能门窗、特种门窗、防火门窗、通风天窗、电动采光排烟天窗、住宅门、模压门、压型钢板及夹心板大门、钢木大门等图集。

（5）厨房、卫生间图集：主要有住宅厨房、住宅卫生间、公共厨房建筑设计与构造、公用建筑卫生间等图集。

（6）梯图集：主要有楼梯—栏杆—栏板、电梯—自动扶梯—自动人行道、钢梯、钢筋混凝土螺旋楼梯等图集。

（7）装修图集：主要有内装修—墙面装修、内装修—楼（地）面装修、内装修—室内吊顶、内装修—细部构造、铝合金护栏、建筑玻璃应用构造、钢雨棚—玻璃面板、隔断—隔断墙、钢筋混凝土雨棚建筑构造、外装修、常用建筑色等图集。

（8）施工说明和工程做法图集：主要有施工说明、工程做法等图集。

（9）绿色节能图集：主要有住宅建筑节能构造、公共建筑节能构造、既有建筑节能改造、绿色建筑评价标准应用技术等图集。

（10）建筑类型图集：如车库建筑构造、幼儿园建筑构造与设施、中小学校建筑设计常用构造做法、老年人居住建筑构造、住宅建筑构造、无障碍设计等图集。

（11）室外工程图集：主要有室外工程、道路、围墙大门、挡土墙、环境景观等图集。

（12）其他图集：如防火建筑构造、变形缝建筑构造等图集。

学习单元 4 设计内容

在施工图设计阶段，建筑专业施工图的主要内容包括封面、图纸目录、建筑设计说明、计算书、建筑设计图纸。

4.1 文字部分

4.1.1 封面

封面的格式可由设计单位自行设计，内容应包括以下六个方面。

（1）项目名称。

（2）设计单位名称。

（3）项目的设计编号。

（4）设计阶段。

（5）编制单位法定代表人、技术总负责人和项目总负责人的姓名及签字或授权盖章。

（6）设计日期（即设计文件交付日期）。

4.1.2 图纸目录

图纸目录应交代图纸的名称、张数和顺序，以便查阅。图纸目录应先列绘制的图纸，后列选用的标准图或重复利用图。注意以下几种情况。

（1）仅有一张建筑施工图时，要在图纸上注明“建筑施工图仅在此页”。

（2）当有几张建筑施工图时，图纸目录必须在首页，可与其他图纸内容共同编排，也可单独写在 A4 纸上。

（3）当有很多张建筑施工图时，图纸目录可单独成张，为全套图纸的第一张。

4.1.3 建筑设计说明

建筑设计说明是对图样中无法表达清楚的内容通过文字加以详细说明，其主要内容包括建筑工程概况、建筑设计依据以及建筑装修及构造的要求（如设计标高、用料说明和室内外装修、门窗、幕墙、电梯、防火设计、无障碍设计、建筑节能设计等），具体如下。

1. 建筑工程概况

建筑工程概括说明，包括建筑名称、建设地点、建设单位、建筑面积、建筑基底面积、项目设计规模等级、设计使用年限、建筑层数和建筑高度、建筑防火分类和耐火等级、人防工程类别和防护等级、人防建筑面积、屋面防水等级、地下室防水等级、主要结构类型、抗震设防烈度等，以及能反映建筑规模的主要技术经济指标，如住宅的套型和套数（包括套型总建筑面积等）、旅馆的客房间数和床位数、医院的床位数、车库的停车泊位数等。

2. 建筑设计依据

建筑设计依据说明，包括依据性文件名称和文号，如批文、本专业设计所执行的主要法规和所采用的主要标准（包括标准名称、编号、年号和版本号）及设计合同等。

3. 建筑装修及构造的要求

（1）设计标高。

设计标高说明，包括工程的相对标高与总图绝对标高的关系。

（2）用料说明和室内外装修。

用料说明和室内外装修设计说明主要包括以下内容。

①墙体、墙身防潮层、地下室防水、屋面、外墙面、勒脚、散水、台阶、坡道、油漆、涂料等处的材料和做法，墙体、保温等主要材料的性能要求，可用文字说明或部分文字说明部分直接在图上引注或加注索引号，其中应包括节能材料的说明。

②室内装修部分除用文字说明以外亦可用表格形式表达，在表上填写相应的做法或代号；较复杂或较高级的民用建筑应另行委托室内装修设计；凡属二次装修的部分，可不列装修做法表和进行室内施工图设计，但对原建筑设计、结构和设备设计有较大改动时，应征得原设计单位和设计员的同意。

（3）门窗。

门窗设计说明，包括门窗表及门窗性能（防火、隔声、防护、抗风压、保温、隔热、气密性、水密性等）、窗框材质和颜色、玻璃品种和规格、五金件等的设计要求。其中采用非标准图集的门窗应绘制门窗立面图及开启方式，单独的门窗表应加注门窗的性能参数、型材类别、玻璃种类及热工性能。

（4）幕墙。

幕墙设计说明，包括幕墙工程（玻璃、金属、石材等）及特殊屋面工程（金属、玻璃、膜结构等）的特点，节能、抗风压、气密性、水密性、防水、防火、防护、隔声的设计要求，饰面材质、涂层等主要的技术要求，并明确与专项设计的工作及责任界面。

（5）电梯。

电梯设计说明，包括电梯类型（自动扶梯、自动步道）及性能说明（功能、额定载重量、额定速度、停站数、提升高度等）。

（6）防火设计。

防火设计说明，包括总体消防、建筑单体的防火分区、安全疏散、疏散人数和宽度计算、防火构造、消防救援窗设置等。

（7）无障碍设计。

无障碍设计说明，包括基地总体上、建筑单体内的各种无障碍设施要求等。

(8)建筑节能设计。

建筑节能设计说明主要包括以下内容:

①设计依据;

②项目所在地的气候分区、建筑分类及围护结构的热工性能限值;

③建筑的节能设计概况、围护结构的屋面(包括天窗)、外墙(非透光幕墙或透光幕墙)、架空或外挑楼板、分户墙和户间楼板(居住建筑)等构造组成和节能技术措施,明确外门、外窗和建筑幕墙的气密性等级;

④建筑体形系数计算(按不同气候分区城市的要求)、窗墙面积比(包括屋顶透光部分面积)计算和围护结构热工性能计算,确定设计值。

4.1.4 计算书

计算书的内容应完整、清楚;计算步骤要条理分明;引用数据要有可靠依据,必要时应注明其来源出处。

(1)建筑节能计算书主要包括以下内容:

①根据不同气候分区城市的要求进行建筑的体形系数计算;

②根据建筑类别,计算各单一立面外窗(包括透光幕墙)窗墙面积比、屋顶透光部分面积比,确定外窗(包括透光幕墙)、屋顶透光部分的热工性能满足规范的限值要求;

③根据不同气候分区城市的要求对屋面、外墙(包括非透光幕墙)、底面接触室外空气的架空或外挑楼板等围护结构部位进行热工性能计算;

④当规范允许的个别限值超过要求,通过围护结构热工性能的权衡判断,使围护结构总体热工性能满足节能要求。

(2)根据工程性质和特点,提出进行视线、声学、安全疏散等方面的计算依据、技术要求。

(3)当项目按绿色建筑要求建设时,相关的平、立、剖面图应包括采用的绿色建筑设计技术内容,并绘制相关的构造详图。

4.2 图纸部分

4.2.1 总平面图

总平面图根据项目需要可另出定位图,主要包括以下内容:

(1)保留的地形和地物;

(2)测量坐标网、坐标值;

(3)场地四界的测量坐标(或定位尺寸),道路红线、建筑物红线、河道蓝线的位置;

(4)场地周边原有及规划道路的位置(主要坐标或定位尺寸);

（5）新建建筑物、构筑物（人防工程、地下车库、油库、贮水池等隐蔽工程以虚线表示）的位置、名称或编号、层数、定位（坐标或相互关系尺寸）、建筑物总尺寸；

（6）主要建筑物、构筑物的相对标高与绝对标高的关系；

（7）广场、停车场、运动场地、道路及道路转弯半径、排水沟的相关尺寸和定位（坐标或相互关系尺寸）、用料说明（可附在设计说明内）和必要的详图（如道路横断面等）；

（8）对于地形复杂及高差较大的基地，应有竖向设计图、土方图、土方工程平衡表（另行设计）等；

（9）绿化及建筑小品布置图（另行设计）；

（10）指北针或风玫瑰图；

（11）建筑物、构筑物使用编号时，应列出"建筑物和构筑物名称编号表"；

（12）说明栏内注明尺寸单位、比例、坐标、相对标高与绝对标高的关系、补充图例等；

（13）当按照审批意见确定的施工图设计相对初步设计有较大的改动时，应重新计算并列出主要技术经济指标表，此表也可列在总平面图上。

4.2.2　建筑平面图

建筑平面图主要包括以下内容。

（1）承重墙、柱及其定位轴线和轴线编号，轴线总尺寸（或外包总尺寸）、轴线间尺寸（柱距、跨度）、门窗洞口尺寸、分段尺寸。

（2）内外门窗位置、编号，门的开启方向，房间名称或编号，库房（储藏）注明储存物品的火灾危险性类别。

（3）墙身厚度（包括承重墙和非承重墙），柱与壁柱截面尺寸（必要时）及其与轴线关系尺寸，当围护结构为幕墙时，标明幕墙与主体结构的定位关系及平面凹凸变化的轮廓尺寸；玻璃幕墙部分标注立面分格间距的中心尺寸。

（4）变形缝位置、尺寸及做法索引。

（5）主要建筑设备和固定家具的位置及相关做法索引，如卫生器具、雨水管、水池、台、橱、柜、隔断等。

（6）电梯、自动扶梯、自动步道及传送带（注明规格）、楼梯（爬梯）位置，以及楼梯上下方向示意和编号索引。

（7）主要结构和建筑构造部件的位置、尺寸和做法索引，如中庭、天窗、地沟、地坑、重要设备或设备基础的位置尺寸、各种平台、夹层、人孔、阳台、雨棚、台阶、坡道、散水、明沟等。

（8）楼地面预留孔洞和通气管道、管线竖井、烟囱、垃圾道等位置、尺寸和做法索引，以及墙体（主要为填充墙、承重砌体墙）预留洞的位置、尺寸与标高或高度等。

（9）车库的停车位、无障碍车位和通行路线。

（10）室外地面标高、首层地面标高、各楼层标高、地下室各层标高。

（11）首层平面标注剖切线位置、编号及指北针或风玫瑰图。

（12）有关平面节点详图或详图索引号。

（13）每层建筑面积，标注各房间使用面积、阳台面积。

（14）屋面平面应有女儿墙、檐口、天沟、坡度、坡向、雨水口、屋脊（分水线）、变形缝、楼梯间、水箱间、电梯机房、天窗及挡风板、屋面上人孔、检修梯、室外消防楼梯、出屋面管道井及其他构筑物，必要的详图索引号、标高等；表述内容单一的屋面可缩小比例绘制。

（15）根据工程性质及复杂程度，必要时可选择绘制局部放大平面图。

（16）图纸名称、比例。

【附二维码：可扫二维码观看建筑平面图绘制视频】

4.2.3 建筑立面图

建筑立面图主要包括以下内容。

（1）建筑物两端轴线编号，立面转折较复杂时可用展开立面表示，但应准确注明转角处的轴线编号。

（2）立面外轮廓及主要结构和建筑构造部件的位置，如女儿墙顶、檐口、柱、变形缝、室外楼梯和垂直爬梯、室外空调机搁板、外遮阳构件、阳台、栏杆、台阶、坡道、花台、雨棚、烟囱、勒脚、门窗（消防救援窗）、幕墙、洞口、门头、雨水管，以及其他装饰构件、线脚和粉刷分格线等；当为预制构件或成品部件时，按照建筑制图标准规定的不同图例示意，装配式建筑立面应反映出预制构件的分块拼缝，包括拼缝分布位置及宽度等。

（3）建筑的总高度、楼层位置辅助线、楼层数、楼层层高和标高以及关键控制标高的标注，如女儿墙或檐口标高等；外墙的留洞应标注尺寸与标高或高度尺寸（宽×高×深及定位关系尺寸）。

（4）在平面图上表达不清的窗编号

（5）各部分装饰用料、色彩的名称或代号。

（6）在剖面图上无法表示的构造节点详图索引。

（7）图纸名称、比例。

（8）各个方向的立面图应绘制齐全，但差异小、左右对称的立面可简略；内部院落或看不到的局部立面，可在相关剖面图上表示，若剖面图未能表示完全时，则需单独绘出。

【附二维码：可扫二维码观看建筑立面图绘制视频】

4.2.4　建筑剖面图

建筑剖面图主要包括以下内容。

（1）剖视位置应选在层高不同、层数不同、内外部空间比较复杂、具有代表性的部位；建筑空间局部不同处以及平面、立面均表达不清的部位，可绘制局部剖面图。

（2）墙、柱、轴线和轴线编号。

（3）剖切到或可见的主要结构和建筑构造部件，如室外地面、底层地（楼）面、地坑、地沟、各层楼板、夹层、平台、吊顶、屋架、屋顶、出屋顶烟囱、天窗、挡风板、檐口、女儿墙、幕墙、爬梯、门、窗、外遮阳构件、楼梯、台阶、坡道、散水、阳台、雨棚、洞口及其他装修等可见的内容。

（4）高度尺寸包括外部尺寸和内部尺寸：外部尺寸反映外墙上门、窗、洞口高度，层间高度，室内外高差，女儿墙高度，阳台栏杆高度，总高度；内部尺寸反映地坑（沟）深度，隔断、内窗、内门、洞口、平台、吊顶等高度。

（5）主要结构和建筑构造部件的标高，如室内地面、楼面（含地下室）、平台、雨棚、吊顶、屋面板、屋面檐口、女儿墙顶、高出屋面的建筑物、构筑物及其他屋面特殊构件等的标高，室外地面标高。

（6）节点构造详图索引号。

（7）图纸名称、比例。

【附二维码：可扫二维码观看建筑剖面图绘制视频】

4.2.5　建筑详图

建筑详图主要包括以下内容：

（1）内外墙、屋面等节点，绘出不同构造层次，表达节能设计内容，标注各材料名称及具体技术要求，注明细部和厚度尺寸等；

（2）楼梯、电梯、厨房、卫生间、阳台、管沟、设备基础等局部平面放大和构造详图，注明相关的轴线和轴线编号以及细部尺寸，设施的布置和定位、相互的构造关系及具体技术要求等，应提供预制外墙构件之间拼缝防水和保温的构造做法；

（3）其他需要表示的建筑部位及构配件详图；

（4）室内外装饰方面的构造、线脚、图案等，标注材料及细部尺寸、与主体结构的连接等；

（5）门、窗、幕墙绘制立面图，标注洞口和分格尺寸，对开启位置、面积大小和开启方式，用料材质、颜色等做出规定和标注；

（6）对另行专项委托的幕墙工程，金属、玻璃、膜结构等特殊屋面工程和特殊门窗等，应标注构件定位和建筑控制尺寸。

【附二维码：可扫二维码观看建筑详图绘制视频】

学习单元 5　建筑施工图校核

5.1　校核内容

校核内容既可供校对人员使用，也可供设计员自校，主要包含说明，总平面图，平、立、剖面图，建筑详图和图面要求五个方面的内容。

5.1.1　说明

1. 设计说明

(1)本工程的设计依据是否叙述明确。

(2)本工程的设计规模和建筑面积是否与图纸一致。

(3)本工程的相对标高与总图绝对标高的对应关系是否一致。

(4)本工程的耐火等级，工厂或仓库的生产类别，抗震设防烈度是否叙述明确。

(5)其他文字说明是否与设计图纸有矛盾；需要重点说明的内容(如电梯设置、防火分区、节能环保、防水防潮、防震防腐、防爆、屏蔽、采用的新技术和新材料，以及隐蔽工程验收等)是否准确无误。

(6)是否说明砌体墙的留洞、构造柱标注原则，其做法应详见结构施工图总说明。本工程采用的特殊图例或索引标志需在设计说明中加以注明。

2. 材料做法表

(1)所列内容是否满足本工程设计的要求，并与设计图纸一致。

(2)各类做法的用料、配比、工序、厚度是否恰当、合理。

(3)需待以后看样确定的材料和颜色是否已经注明。

3. 房间装修用料表

(1)表中所列房间或空间(如走道)有无遗漏。

(2)每个房间的楼地面、墙面、顶棚、踢脚、台面等所采用的装修做法是否合理，并符合功能使用要求。

(3)材料的燃烧性能和耐火等级是否满足规范要求。

(4)表中所注各种做法的编号是否与材料做法表或设计图纸上所注相符。

4. 门窗表

(1)门窗类别、设计编号、洞口尺寸是否与设计图纸一致。

(2)门窗数量是否准确无误。

(3)采用标准图集号、门窗代号或详图设计图号是否准确。

(4)特种门窗、防火门等级是否加注明确。

5. 建设施工图纸目录

(1)图名与每张建设施工图图签上所列图名是否一致。

(2)图纸规格与实际是否一致。

6. 采用标准图目录

(1)标准图集是否为现行有效版本,当地审图单位是否同意选用。

(2)所注标准图集号与图纸所注是否一致,所列内容有无遗漏。

5.1.2 总平面图

(1)用地范围、道路红线、建筑控制线及周边道路位置是否一致。

(2)建筑物与周边建筑物防火间距、日照间距、防噪距离等是否满足规范要求。

(3)基地内停车场、地下车库范围及地面汽车坡道设计是否满足规范要求。

(4)基地内消防车道和消防扑救场地是否满足规范要求。

5.1.3 平、立、剖面图

1. 平面图

(1)纵横柱网,承重墙的轴线号是否齐全、准确。

(2)柱距(开间)、跨度(进深)尺寸,墙体厚度、柱子大小与轴线关系尺寸,门窗洞口尺寸,分段尺寸,外包总尺寸是否齐全、准确。

(3)伸缩缝、沉降缝、抗震缝的位置尺寸是否齐全、准确。

(4)内隔墙定位尺寸和厚度,内门、门洞、内窗定位尺寸和宽度尺寸是否齐全、准确;构造柱、过梁(砖混结构)是否标注明确。

(5)房间名称或编号是否齐全、准确。

(6)门窗编号、门的开启方向是否准确、合理,并与门窗表所注一致。

(7)防火分区、防火墙、防火门的设置是否符合防火规范;疏散楼梯、袋形走道等设计是否符合防火规范。

(8)室内外地面标高、各层标高、有高差的楼地面标高是否齐全、准确。

(9)电梯、楼梯位置,楼梯上下方向示意及主要尺寸是否齐全、准确(详细尺寸在其放大图上标注)。

(10)卫生间内卫生洁具、水池、台、柜、隔断等示意位置与详图是否一致(详细尺寸在其放大图上标注)。

(11)室内外踏步、斜坡、阳台、雨棚、通风竖井、管线竖井、烟囱、垃圾道、消防梯、雨水管等的设计是否合理,其位置尺寸是否齐全、准确,与相应详图是否一致。

（12）地坑、地沟、地漏，各种平台、人孔、墙上预留孔的位置尺寸、标高是否齐全、准确；与结构、设备工种有关的要核对各工种有关图纸。

（13）所有平面放大部位的索引有无遗漏，所引图纸是否准确。

（14）平面节点放大或详图索引有无遗漏，所引图纸号和详图号或标准图号是否准确。

（15）一层平面所标注的剖面线是否与剖面相符；剖面号和剖面所在图号是否准确。

（16）一层平面有无指北针，与总平面图是否一致。

2. 屋顶平面图

（1）轴线号、标注尺寸与平面图是否一致。

（2）女儿墙、变形缝、屋顶高差等位置是否标注明确。

（3）檐口、檐沟、落水口、坡向、坡度、分水线等是否设计合理、标注明确，尺寸及坡度是否准确。

（4）楼梯间、电梯机房、水箱间、天窗、屋顶上人孔、室外消防梯等是否齐全、准确，与平面图是否相符。

（5）出屋顶风帽、进排风道、水箱基础、擦窗机的支座和轨道、冷却塔基础、电视天线基础等位置是否准确，是否与有关专业核对并会签。

（6）详图索引有无遗漏，所引图纸号和详图号是否准确。

3. 立面图

（1）建筑物两端及分段轴线号是否与平面图相符。

（2）所示建筑物外形、檐口、门窗、变形缝、平台、踏步、花台、阳台、消防梯、室外扶梯、雨棚、雨水管等是否准确，与平面图、剖面图和有关详图是否相符。

（3）立面图上装饰处理、面层分格线示意等是否标注明确，与有关详图是否一致。

（4）外墙预留孔尺寸、标高是否与平面图及有关专业的图纸一致。

（5）室外地坪、一层地坪、主要檐口、女儿墙顶、建筑物最高点等标高是否标注齐全，是否与剖面图一致。

（6）详图索引有无遗漏，索引图纸号和详图号是否准确。

（7）各种墙面装修用料做法是否标注明确，并与材料做法表一致。

4. 剖面图

（1）柱、承重墙的轴线号是否与平面图相符。

（2）所剖切到的室外地面、各层楼板及地下室、吊顶、地沟、地坑、楼电梯、踏步、坡道、散水、防潮层、门窗洞口、雨棚、平台、阳台、屋顶结构、檐口或女儿墙、出顶天窗、楼梯间等是否齐全，与平面图和有关详图是否相符。

（3）可见立面图上的门窗、雨水管、装修预留孔等是否与平面图及有关详图相符。

（4）室外地坪标高，底层地面标高，各层楼面及地下各层标高，楼梯平台标高，屋架底标高，屋面檐口或女儿墙顶标高，烟囱顶标高，出屋顶水箱间、楼梯间、电梯机房顶部标高，门窗顶及窗台标高，底坑深度标高，预留孔、平台标高等是否齐全并准确无误；主要标高应与结构、设备专业有关图纸核对。

（5）所注高度尺寸是否与相应标高一致。

（6）节点构造详图索引是否齐全，索引图纸号和详图号是否准确。

5.1.4 建筑详图

（1）详图所示的轴线号、标高、承重结构、控制尺寸是否与所在平面图、剖面图相一致。

（2）详图索引是否与所在图纸一致。

（3）详图与结构（如墙身节点，楼梯、电梯详图等）、设备（如卫生间布置、吊顶平面上各种装置综合、管道井及吊顶的检查孔等）专业密切相关时，应核对各专业有关图纸，并取得认可或会签。

（4）与安全有关的部位（如防水、防火、抗震、防腐蚀、防攀登、防跌落、防拥堵等的处理是否合理并符合规范要求，吊顶及悬挂构件是否安全可靠，是否明确楼梯栏杆、扶手及临空栏板承受水平荷载的要求，保温和防结露的处理是否合理等）应重点核对。

（5）与人体活动有关的部位（如楼梯是否碰头、卫生间布置是否合理等）应重点核对。

（6）详图的控制总尺寸与分格尺寸、控制标高与高度尺寸是否准确无误。

（7）门窗的洞口尺寸和分格尺寸是否齐全、合理，并符合内外墙面装修厚度的要求；玻璃、五金的规格是否标注明确；铝合金门窗产品的规格、性能是否符合标准；外门窗的物理性能要求、安全玻璃的使用部位是否注明。

（8）详图所示用料是否合理，构造是否相宜，工序是否得当，施工是否方便，设计意图是否已经交代清楚。

（9）详图所示材料做法编号是否与有关图纸一致。

5.1.5 图面要求

（1）图例、索引标志、绘图方法是否符合制图标准和本工程的统一技术条件。

（2）图名、比例是否齐全、准确。

（3）图纸表现方法、繁简程度、比例大小特别不当时，应提出来与设计员或工种负责人商榷修改。

（4）图面布置疏密程度特别不合理时，应提出来与设计员或工种负责人商榷修改。

5.2 常见问题

虽然执行了三校两审制度，但由于工程较复杂、设计周期较短，施工图文件中还是会出现由于设计员考虑不周和对规范、规程的理解不够全面造成的一些错误。以下列出建筑专业施工图的一些常见问题，方便设计员自查。

5.2.1　总平面布置图常见问题

施工图文件中，总平面布置图的表达深度差别较大，大部分工程只做到平面定位图，不符合《建筑工程设计文件编制深度规定》的有关要求。主要问题如下。

（1）总平面图要有一定的范围。不能只有用地范围，还要有场地四邻原有规划的道路、建筑物、构筑物，而多数施工图只有用地范围内的布置图。

（2）总平面图应保留原地形和地物。场地测量坐标网及测量标高，包括场地四邻的测量坐标（或定位尺寸），有些工程的总图未保留原地形和地物。

（3）竖向设计。有的工程只标注了建筑物的 ±0.000 设计标高相对场地的测量标高数值，有的甚至只标注室内外高差数。场地竖向设计未考虑周边道路的控制标高，会造成以下问题。

①竖向设计标高不符合规划部门的控制标高。

②场地内与场地外围的道路标高衔接不上或衔接不合理。

③场地及其道路的标高不利于排水。

④场地内道路未标注设计标高，特别是交接处、建筑物的入口处；未标注道路坡长、坡向、坡度以及地面的关键性标高；也未绘出路面的设计断面。

（4）总图未进行土方工程平衡设计。盲目的竖向设计，往往会带来不必要的挖方或填方，增加造价，造成经济损失。

（5）总图设计没有必要的详图设计（比如道路横断面、路面结构，反映管线上下、左右尺寸关系的剖面图，挡土墙、护坡排水沟、广场、活动场地、停车场、花坛绿地等详图，场地的排水、场地内道路与道路的关系）。不仅给施工带来困难，也无法保证总图的合理性。

（6）消防车道宽度不满足消防要求。消防车道距离高层建筑外墙小于 5 m，不满足消防登高面要求。

5.2.2　建筑设计说明常见问题

（1）技术经济指标不完整，总说明中常常缺少基底占地面积指标。

（2）装修做法表达不完整，应编制材料做法表和房间装修用料表，把装修做法完整地表达清楚。

（3）门窗表和门窗详图表达不清，门窗表中应把玻璃的颜色、材质、安全玻璃和防火玻璃等的使用部位、框的材质和颜色要求，以及其他的一些特殊的加工要求标注清楚。对门窗性能，如防火、隔声、抗风压、保温、空气渗透、雨水渗透等技术要求应加以说明。门窗详图应明确固定扇、开启扇的大小，开启方式等，并标注清楚。

（4）防火设计说明交代不全，应按《建筑工程设计文件编制深度规定》要求，绘制防火分区图，注明每层建筑平面中各防火分区面积和分区分隔位置。

（5）节能设计说明不全，经常出现的问题如下：

①外窗，特别是东西窗未增加相应的保温隔热措施；

②外保温的燃烧性能和防火措施未标注或未达到要求；

③导热系数（K）的主体部位值与平均值概念不清，把建筑主体部位的 K 值作为平均 K 值进行说明；

④未编制节能设计计算书及节能设计审查文件。

（6）幕墙工程（包括玻璃幕墙、金属幕墙、石材幕墙等）、特殊的屋面工程与其他特殊构造的设计、制作、安装等技术要求未说明。

（7）电梯和自动扶梯的型号选择及性能参数要求（包括功能、载重量、速度、停站数、提升高度等）未说明。

（8）墙体预留孔及楼板预留孔、管道井楼层的封堵方式等未说明。

（9）屋面防水等级未说明，或屋面具体做法不符合相应的防水等级要求，其常见问题为：把屋面混凝土结构层作为一道防水设防，或卷材厚度不符合相应防水等级要求。

（10）有关民用建筑的建筑材料有害物质限量未说明。

5.2.3 建筑平面图常见问题

（1）底层平面未绘制指北针。

（2）底层平面未标注剖切符号。

（3）底层平面未绘出散水坡。

（4）墙体或柱网的细部尺寸不全。

（5）承重墙、非承重墙的定位尺寸、墙厚标注不全。

（6）未标注变形缝的位置、尺寸及详图索引。

（7）标高及房间名称标注不全。

（8）未标注最大允许设计活荷载。

（9）未标注主要建筑设备和固定家具的位置及相关做法索引，如卫生间的器具、雨水管、水池、橱柜、洗衣机位置等。

（10）未标注楼梯上下方向及楼梯编号和索引。

（11）未标注主要结构和建筑构造部件的位置、尺寸和做法索引，如中庭、天窗、地沟、重要设备基础、各平台、夹层、人孔、阳台、雨棚、台阶、坡道、散水、明沟等做法索引。

（12）未标注楼地面预留孔洞和通气管道、管线竖井、烟道、垃圾道等的位置、尺寸和做法索引，以及墙体预留空调机孔的位置、尺寸及标高。

（13）未标注室外标高、各层标高、屋面标高。

（14）未标注车库的车位数和通行路线。

（15）未标注屋顶平面有关女儿墙、檐口、天沟、坡度、坡向、雨水口、屋脊（分水线）、变形缝、楼梯间、水箱间、电梯机房间、屋面上人孔、检修梯等的详图索引及相应标高等。

（16）缺少局部复杂部位的局部放大平面图。

5.2.4 建筑立面图常见问题

(1)立面图与平面图不一致,两端无轴线编号,未标比例。

(2)多数立面图只表示层高的标高,未将立面外轮廓尺寸及主要结构和建筑构造的部位(如女儿墙顶、檐口、烟囱、雨棚、阳台、栏杆、空调隔板、台阶、坡道、花坛、勒脚、门窗、幕墙、洞口、雨水立管、粉刷分格线条等)以及关键控制标高的标注表示清楚。

(3)立面图上还应该把平面图、剖面图上未能表达清楚的标高和高度,特殊的洞口、构件的位置等均标注清楚。

(4)装饰材料名称、颜色在立面图上标注不全,特别是底层的台阶、雨棚、橱窗细部较为复杂的部位未标注,也未索引详图。

5.2.5 建筑剖面图常见问题

(1)剖面位置未选择在层高不同、层数不同、内外空间比较复杂且具有代表性的部位。局部较复杂的建筑空间以及用平面图、立面图表达不清楚的部位,也没有绘制局部的剖面图。

(2)剖面图漏注墙、柱、轴线编号及其相应尺寸未标注清楚。

(3)剖切或可见的主要结构和建筑构造部位,如室外地面、底层地坑、地沟、夹层、吊顶、屋架、天窗、女儿墙、台阶、坡道、散水及其他装修等可见的内容没能完整表示。

(4)高度尺寸标注不完整,一般只标注外部尺寸及标高,未标注内部尺寸,如地沟深度、隔断、内窗、内洞口、平台、吊顶等的尺寸。

(5)有些节点构造详图索引号在平面图、立面图上表示不清楚,而应在剖面图上标注详图索引的,也未标注。

5.2.6 构件安全与防火性能常见问题

1. 楼梯

(1)梯段踏步级数,违反梯段踏步级数不应超过18步且不小于3步的规范要求;出入口平台下(梁下尺寸)不满足大于或等于2.0 m,梯段净高不满足大于或等于2.2 m的规范要求;楼梯平台净宽不满足从扶手中心线标起,不应小于梯段宽度,并不得小于1.2 m的规范要求。

(2)有儿童使用的建筑,楼梯梯井大于0.2 m时,未设安全防护措施;住宅、托儿所、幼儿园建筑,中小学校及少年儿童专用活动场所,文化娱乐建筑,商业服务建筑,体育建筑,园林景观等允许儿童进入的活动场所,楼梯竖向立杆间距大于0.11 m,不满足规范要求。

(3)需设防烟楼梯间的建筑,其室外疏散楼梯,在楼梯周围2 m范围内的墙上开设窗洞口,不满足规范要求。

（4）封闭楼梯间及防烟楼梯间前室的内墙上开设其他门洞，封闭楼梯间门采用普通门，未采用乙级防火门。

（5）需设封闭楼梯间的建筑的首层楼梯间，将走道和门厅等包括在楼梯间内形成扩大的封闭楼梯间，但未采用乙级防火门等防火措施与其他走道和房间隔开。

（6）儿童使用场合的栏杆防攀登措施，存在不同程度的问题。

（7）疏散门不应采用卷帘门或电动门，而应采用向疏散方向开启的平开门。

2. 电梯

（1）消防电梯的一些构造不满足要求，特别突出的是消防电梯井、机房与相邻其他电梯井、机房之间未采用耐火极限不低于 2.00 h 的墙隔开，在隔墙上开门时未按规定开设甲级防火门。此外，消防电梯前室未按规定设消火栓。

（2）消防电梯的井底应设置排水设施，但有的消防电梯没设置排水设施和预留贮水的空间。

3. 建筑构配件

（1）防火墙设在转角附近时，内转角两侧墙上的门、窗、洞口之间的最近边缘水平距离不满足大于或等于 4.00 m 的要求，也没有采取相应的防火措施；紧靠防火墙两侧的窗的水平距离不满足大于或等于 2.00 m 的要求，也没有采取相应的防火措施。

（2）分别独立设置的电缆井、管道井、排烟道、排气道、垃圾道等竖向管道井、井壁上所设的检查门未采用丙级防火门。

（3）阳台、外廊、室内回廊、上人屋面及室外楼梯等临空栏杆（栏板）、女儿墙等安全防护（包括高度、防攀登、防坠落和竖杆间距等）不满足规范要求（防护栏杆高度应从可踏面算起）。

（4）无直接对外开窗的卫生间需设排气道及进风口，但设计时往往缺排气道及进风口。

4. 建筑无障碍设计

漏做无障碍设计或无障碍设计范围不全。有的仅在入口处设计无障碍坡道，漏做无障碍厕所或无障碍厕位、走廊无障碍扶手、无障碍电梯或楼梯等，也未考虑无障碍车位。

学习单元 6　建筑专业常用设计数据

6.1　总平面

6.1.1　建筑基地

（1）建筑基地应与城市道路或镇区道路相邻接，否则应设置连接道路，并应符合下列规定。

①当建筑基地内建筑面积小于或等于 3 000 m^2 时，其连接道路的宽度不应小于 4.0 m。

②当建筑基地内建筑面积大于 3 000 m^2，且只有一条连接道路时，其连接道路宽度不应小于 7.0 m；当有两条或两条以上连接道路时，单条连接道路宽度不应小于 4.0 m。

（2）建筑基地机动车出入口位置，应符合所在地控制性详细规划要求，并应符合下列规定：

①中等城市、大城市的主干路交叉口，自道路红线交叉点起沿线 70.0 m 范围内不应设置机动车出入口；

②距人行横道、人行天桥、人行地道（包括引道、引桥）的最近边缘线不应小于 5.0 m；

③距地铁出入口、公共交通站台边缘不应小于 15.0 m；

④距公园、学校及有儿童、老年人、残疾人使用建筑的出入口最近边缘不应小于 20.0 m。

（3）大型、特大型交通、文化、体育、娱乐、商业等人员密集的建筑基地应符合下列规定：

①建筑基地与城市道路邻接的总长度不应小于建筑基地周长的 1/6；

②建筑基地的出入口不应少于 2 个，且不宜设置在同一条城市道路上。

6.1.2　道路与停车场

（1）基地道路设计应符合下列规定：

①单车道路宽不应小于 4.0 m，住宅区内双车道路宽不应小于 6.0 m，其他基地内双车道路宽不应小于 7.0 m；

②当道路边设停车位时，应加大道路宽度且不应影响车辆正常通行；

③人行道路宽度不应小于 1.5 m，人行道在各路口、入口处的设计应符合现行国家标准《无障碍设计规范》（GB 50763—2012）的相关规定；

④道路转弯半径不应小于 3.0 m,消防车道应满足消防车最小转弯半径要求;

⑤尽端式道路长度大于 120.0 m 时,应在尽端设置不小于 12.0 m × 12.0 m 的回车场地。

(2)沿街建筑应设连通街道和内院的人行通道(可利用楼梯间),其间距不宜大于 80.0 m。

(3)建筑基地内地下机动车车库出入口与连接道路间宜设置缓冲段,缓冲段应从车库出入口坡道起坡点算起,并应符合下列规定:

①出入口缓冲段与基地内道路连接处的转弯半径不宜小于 5.5 m;

②当出入口与基地道路垂直时,缓冲段长度不应小于 5.5 m;

③当出入口与基地道路平行时,应设不小于 5.5 m 长的缓冲段再汇入基地道路;

④当出入口直接连接基地外城市道路时,其缓冲段长度不宜小于 7.5 m。

(4)室外机动车停车场的出入口数量应符合下列规定:

①当停车数为 50 辆及其以下时,可设 1 个出入口,宜为双向行驶的出入口;

②当停车数为 51~300 辆时,应设置 2 个出入口,宜为双向行驶的出入口;

③当停车数为 301~500 辆时,应设置 2 个双向行驶的出入口;

④当停车数大于 500 辆时,应设置 3 个出入口,宜为双向行驶的出入口。

(5)室外机动车停车场的出入口设置应符合下列规定:

①停车数大于 300 辆的停车场,各出入口的间距不应小于 15.0 m;

②单向行驶的出入口宽度不应小于 4.0 m,双向行驶的出入口宽度不应小于 7.0 m。

(6)室外非机动车停车场应设置在基地边界线以内,出入口不宜设置在交叉路口附近,停车场布置应符合下列规定:

①停车场出入口宽度不应小于 2.0 m;

②停车数大于等于 300 辆时,应设置不少于 2 个出入口;

③停车区应分组布置,每组停车区长度不宜超过 20.0 m。

6.1.3 竖向

(1)建筑基地场地设计应符合下列规定。

①当基地自然坡度小于 5%时,宜采用平坡式布置方式;当基地自然坡度大于 8%时,宜采用台阶式布置方式,台地连接处应设挡墙或护坡;基地邻近挡墙或护坡的地段,宜设置排水沟,且坡向排水沟的地面坡度不应小于 1%。

②基地地面坡度不宜小于 0.2%;当坡度小于 0.2%时,宜采用多坡向或特殊措施排水。

③场地设计标高不应低于城市的设计防洪、防涝水位标高;沿江、河、湖、海岸或受洪水、潮水泛滥威胁的地区,除设有可靠防洪堤、坝的城市、街区外,场地设计标高不应低于设计洪水位 0.5 m,否则应采取相应的防洪措施;有内涝威胁的用地应采取可靠的防、排内涝水措施,否则其场地设计标高不应低于内涝水位 0.5 m。

④当基地外围有较大汇水汇入或穿越基地时,宜设置边沟或排(截)洪沟,有组织排水。

⑤场地设计标高宜比周边城市市政道路的最低路段标高高 0.2 m 以上;当市政道路标高高于基地标高时,应有防止客水进入基地的措施。

⑥场地设计标高应高于多年最高地下水位。

⑦面积较大或地形较复杂的基地，建筑布局应合理利用地形，减少土石方工程量，并使基地内填挖方量接近平衡。

（2）建筑基地内道路设计坡度应符合下列规定。

①基地内机动车道的纵坡坡度不应小于 0.3%且不应大于 8%。当采用 8%坡度时，其坡长不应大于 200.0 m；当遇特殊困难纵坡坡度小于 0.3%时，应采取有效的排水措施；个别特殊路段，坡度不应大于 11%，其坡长不应大于 100.0 m；在积雪或冰冻地区坡度不应大于 6%，其坡长不应大于 350.0 m；横坡坡度宜为 1%~2%。

②基地内非机动车道的纵坡坡度不应小于 0.2%，最大纵坡坡度不宜大于 2.5%；当遇特殊困难时，坡度不应大于 3.5%；当采用 3.5%坡度时，其坡长不应大于 150.0 m；横坡坡度宜为 1%~2%。

③基地内步行道的纵坡坡度不应小于 0.2%，且不应大于 8%；积雪或冰冻地区坡度不应大于 4%；横坡坡度应为 1%~2%；当大于极限坡度时，应设置为台阶步道。

④基地内人流活动的主要地段，应设置无障碍通道。

6.2　建筑设计

6.2.1　建筑高度

（1）建筑高度的计算应符合下列规定。

①建筑屋面为坡屋面时，建筑高度应为建筑室外设计地面至其屋檐与屋脊的平均高度。

②建筑屋面为平屋面时，建筑高度应为建筑室外设计地面至建筑女儿墙顶点的高度，无女儿墙的建筑物应计算至其屋面檐口的高度。

③同一座建筑物有多种屋面形式时，建筑高度应按上述方法分别计算后取其中的最大值。

④对于台阶式地坪，当位于不同高程地坪上的同一建筑之间有防火墙分隔，各自有符合规范规定的安全出口，且可沿建筑的两个长边设置贯通式或尽头式消防车道时，可分别计算各自的建筑高度。否则，建筑高度应按其中建筑高度最大者确定。

⑤局部突出屋面的楼梯间、电梯机房、水箱间、排风和排烟机房等辅助用房占屋顶平面面积不大于 1/4 者，不计入建筑高度。

⑥突出屋面的通风道、烟囱、装饰构件、花架、通信设施和空调冷却塔等设备，不计入建筑高度。

⑦对于住宅建筑，设置在底部且室内高度不大于 2.2 m 的自行车库、储藏室、敞开空间，室内外高差或建筑的地下或半地下室的顶板面高出室外设计地面的高度不大于 1.5 m 的部分，可不计入建筑高度。

（2）半地下室是指房间地面低于室外设计地面的平均高度大于该房间平均净高 1/3，且不大于 1/2 者。

（3）地下室是指房间地面低于室外设计地面的平均高度大于该房间平均净高 1/2 者。

（4）高层建筑是指建筑高度大于 27.0 m 的住宅建筑和建筑高度大于 24.0 m 的非单层厂房、仓库和其他民用建筑。

（5）建筑用房的室内净高应符合国家现行相关建筑设计标准的规定，地下室、局部夹层、走道等有人员正常活动的空间最低处净高不应小于 2.0 m。

（6）室内净高应按楼地面完成面至吊顶、楼板或梁底面之间的垂直距离计算；当楼盖、屋盖的下悬构件或管道底面影响有效使用空间时，应按楼地面完成面至下悬构件下缘或管道底面之间的垂直距离计算。

6.2.2 建筑层数

（1）建筑层数应按建筑的自然层数计算，下列空间不计入建筑层数：

①室内顶板面高出室外设计地面的高度不大于 1.5 m 的地下或半地下室；

②设置在建筑底部且室内高度不大于 2.2 m 的自行车库、储藏室、敞开空间；

③建筑屋顶上突出的局部设备用房、出屋面的楼梯间等。

（2）顶层为两层一套的跃层住宅时，跃层部分不计层数。

6.2.3 卫生间

（1）住宅卫生间应至少配置便器、洗浴器（浴缸或淋浴器）、洗面器三件卫生设备或为其预留位置。不同洁具组合的卫生间的使用面积应符合下列规定：

①设便器、洗浴器、洗面器时不应小于 3.0 m^2。

②设便器、洗浴器时不应小于 2.0 m^2。

③设便器、洗面器时不应小于 1.8 m^2。

④单设便器时不应小于 1.1 m^2，单设淋浴器时不应小于 1.2 m^2。

（2）未设置前室的卫生间的门不应直接开向起居室（厅），布置便器的卫生间的门不应开向厨房。

（3）室内公共厕所的服务半径应满足不同类型建筑的使用要求，且不宜超过 50.0 m。

（4）卫生器具配置的数量应符合国家现行相关建筑设计标准的规定。男女厕位的比例应根据使用特点、使用人数确定。在男女使用人数基本均衡时，男厕厕位（含大、小便器）与女厕厕位数量的比例宜为 1 : 1~1 : 1.5；在商场、体育场馆、学校、观演建筑、交通建筑、公园等场所，男厕与女厕厕位数量比不宜小于 1 : 1.5~1 : 2。

（5）公共厕所和浴室隔间的平面尺寸应根据使用特点合理确定，并不应小于表 6-1 的规定尺寸；交通客运站厕位隔间应考虑行李放置空间，其进深尺寸宜加大 0.2 m，便于放置行李。

表 6-1　公共厕所和浴室隔间的平面尺寸　单位:m

类别	平面尺寸(宽度 × 深度)
外开门的厕所隔间	0.9 × 1.2(蹲便器);0.9 × 1.3(坐便器)
内开门的厕所隔间	0.9 × 1.4(蹲便器);0.9 × 1.5(坐便器)
医院患者专用厕所隔间(外开门)	1.1 × 1.5(门闩应能里外开启)
无障碍厕所隔间(外开门)	1.5 × 2.0(不应小于 1.0 × 1.8)
外开门淋浴隔间	1.0 × 1.2(或 1.1 × 1.1)
内设更衣凳的淋浴隔间	1.0 ×(1.0 + 0.6)

(6)公共建筑洗手盆或盥洗槽水嘴中心与侧墙面净距不应小于 0.55 m;居住建筑洗手盆水嘴中心与侧墙面净距不应小于 0.35 m。

(7)并列洗手盆或盥洗槽水嘴中心间距不应小于 0.7 m;双侧并列洗手盆或盥洗槽外沿之间的净距不应小于 1.8 m。

(8)公共建筑单侧并列洗手盆或盥洗槽外沿至对面墙的净距不应小于 1.25 m;居住建筑洗手盆外沿至对面墙的净距不应小于 0.6 m。

(9)并列小便器的中心距离不应小于 0.7 m,小便器之间宜加隔板,小便器中心距侧墙或隔板的距离不应小于 0.35 m,小便器上方宜设置搁物台。

(10)单侧厕所隔间至对面洗手盆或盥洗槽的距离,当采用内开门时,不应小于 1.3 m;当采用外开门时,不应小于 1.5 m。

(11)单侧厕所隔间至对面墙面的净距,当采用内开门时不应小于 1.1 m,当采用外开门时不应小于 1.3 m;双侧厕所隔间之间的净距,当采用内开门时不应小于 1.1 m,当采用外开门时不应小于 1.3 m。

(12)单侧厕所隔间至对面小便器或小便槽的外沿的净距,当采用内开门时不应小于 1.1 m,当采用外开门时不应小于 1.3 m;小便器或小便槽双侧布置时,外沿之间的净距不应小于 1.3 m(小便器的进深最小尺寸为 0.35 m)。

(13)浴盆长边至对面墙面的净距不应小于 0.65 m;无障碍浴盆间短边净宽度不应小于 2.0 m,并应在浴盆一端设置方便进入和使用的坐台,其深度不应小于 0.4 m。

(14)交通客运站、高速公路服务站、医院、大中型商店、博览建筑、公园等公共场所应设置母婴室,办公楼等工作场所的建筑物内宜设置母婴室。母婴室应为独立房间且使用面积不宜低于 10.0 m^2。

6.2.4　厨房

(1)居住建筑中使用燃气的厨房应设计为独立可封闭的空间,其使用面积不应小于 5.0 m^2。由兼起居的卧室、厨房和卫生间等组成的单室套住宅套型,厨房使用面积不应小于 3.5 m^2,厨房使用面积宜与套型建筑面积相匹配。

(2)单排布置设备的厨房,其净宽不应小于 1.50 m;双排布置设备的厨房,其净宽不应小于 2.10 m。

6.2.5 楼梯

（1）住宅疏散楼梯宽度应经计算确定，并符合下列规定：

①建筑高度不大于 18 m 的住宅，一边设置栏杆的疏散楼梯梯段净宽不应小于 1.00 m；

②建筑高度大于 18 m 不大于 100 m 的住宅，疏散楼梯梯段净宽不应小于 1.10 m；

③建筑高度大于 100 m 的住宅，疏散楼梯梯段净宽不应小于 1.20 m。

（2）住宅楼梯踏步宽度不应小于 0.26 m，踏步高度不应大于 0.175 m。扶手高度不应小于 0.90 m，当楼梯水平段栏杆长度大于 0.50 m 时，其扶手高度不应小于 1.10 m。楼梯栏杆垂直杆件间净空不应大于 0.11 m。

（3）跃层式住宅、低层住宅套内楼梯梯段净宽，当一面临空时不应小于 0.80 m，当两侧有墙时不应小于 1.00 m，且应在一侧墙面设置扶手。

（4）住宅套内楼梯踏步宽度不应小于 0.22 m，踏步高度不应大于 0.20 m，扇形踏步拐角距扶手边 0.25 m 处，其宽度不应小于 0.22 m。

（5）除户门外，住宅通向封闭楼梯间及防烟楼梯间的门应向疏散方向开启，且不应阻挡疏散通道。正面门扇开足时，休息平台的净深不应小于 0.60 m；当住宅建筑高度大于 100 m 时，休息平台的净深不应小于 1.20 m。侧墙开门时，门洞边距踏步边净宽不宜小于一个踏步的宽度，且门扇开启后不应阻挡疏散通道。

（6）楼梯平台净深不应小于梯段净宽，且不应小于 1.20 m；当有搬运大型物件需要时，应适量加宽。直跑楼梯的中间平台宽度不应小于 0.90 m。梯段净宽为 1.00 m 的住宅楼梯及剪刀楼梯的平台净深不应小于 1.30 m。

（7）楼梯平台上部及下部过道处的净高不应小于 2.00 m，梯段净高不应小于 2.20 m。

（8）每个梯段的踏步级数不应少于 3 级，且不应超过 18 级。

（9）楼梯应至少于一侧设扶手，梯段净宽达三股人流时应两侧设扶手，达四股人流时宜加设中间扶手。

（10）室内楼梯扶手高度自踏步前缘线量起不宜小于 0.90 m。楼梯水平栏杆或栏板长度大于 0.50 m 时，其高度不应小于 1.05 m。

（11）托儿所、幼儿园、中小学校及其他少年儿童专用活动场所，当楼梯井净宽大于 0.20 m 时，必须采取防止少年儿童坠落的措施。住宅楼梯井净宽大于 0.11 m 时，必须采取防止儿童攀爬的措施。

（12）楼梯踏步的最小宽度和最大高度应符合表 6-2 的规定。

表 6-2 楼梯踏步最小宽度和最大高度 单位：m

楼梯类别		最小宽度	最大高度
住宅楼梯	住宅公共楼梯	0.260	0. 175
	住宅套内楼梯	0.220	0.200

续表

楼梯类别		最小宽度	最大高度
宿舍楼梯	小学宿舍楼梯	0.260	0. 150
	其他宿舍楼梯	0.270	0. 165
老年人建筑楼梯	住宅建筑楼梯	0.300	0. 150
	公共建筑楼梯	0.320	0. 130
托儿所、幼儿园楼梯		0.260	0. 130
小学楼梯		0.260	0. 150
人员密集且竖向交通繁忙的建筑和大、中学校楼梯		0.280	0.165
其他建筑楼梯		0.260	0. 175
超高层建筑核心筒内楼梯		0.250	0.180
检修及内部服务楼梯		0.220	0.200

(13)梯段内每个踏步高度、宽度应一致,相邻梯段的踏步高度、宽度也应一致,且其高度差不宜超过 0.01 m。

(14)踏步应采取防滑措施。

(15)室外楼梯临空处应设置防护栏杆,栏杆离地面 0.10 m 高度内不宜留空。临空栏杆高度及疏散用室外楼梯栏杆扶手高度不应小于 1.10 m。

6.2.6　电梯和自动扶梯

(1)七层及七层以上住宅或住户入口层在楼面距室外设计地面的高度超过 16 m 时,必须设置电梯并满足无障碍使用要求。注意部分省市住宅设计标准规定:四层及四层以上住宅或住户入口层在楼面距室外设计地面的高度超过 10 m 时,应设电梯。

(2)十一层及其以下设置公共电梯的住宅,每单元设置电梯不应少于 1 台。

(3)十二层及其以上的住宅,每单元设置电梯不应少于 2 台,其中应配置 1 台可容纳担架的电梯,候梯厅深度不应小于 2.10 m。

(4)建筑高度在 100 m 以上的高层住宅,每单元每层住户大于 2 户时,每单元电梯数量不应少于 3 台,其中 1 台电梯应为可容纳担架的电梯。

(5)当住宅地下室为汽车库或与小区汽车库连通时,每单元电梯均应通向地下汽车库。

(6)住宅电梯候梯厅净深不应小于多台电梯中最大电梯轿厢的深度,且不应小于 1.50 m。电梯候梯厅和楼梯平台共用时,平台净深不应小于 2.10 m。

(7)电梯设置应符合下列规定:

①电梯不应作为安全出口;

②电梯不应在转角处贴邻布置,且电梯井不宜被楼梯环绕设置;

③高层公共建筑和高层宿舍建筑的电梯台数不宜少于 2 台;

④电梯的设置,单侧排列时不宜超过 4 台,双侧排列时不宜超过 2 排×4 台;

⑤高层建筑电梯分区服务时，每个服务区的电梯单侧排列时不宜超过 4 台，双侧排列时不宜超过 2 排 × 4 台。

（8）电梯候梯厅的深度应符合表 6-3 的规定。

表 6-3 电梯的布置方式及候梯厅深度

电梯类别	布置方式	候梯厅深度
住宅电梯	单台	≥B，且≥1.5 m
	多台单侧排列	≥B_{max}，且≥1.8 m
	多台双侧排列	≥相对电梯 B_{max} 之和，且<3.5 m
公共建筑电梯	单台	≥1.5B，且≥1.8 m
	多台单侧排列	≥1.5B_{max}，且≥2.0 m；当电梯群为 4 台时应≥2.4 m
	多台双侧排列	≥相对电梯 B_{max} 之和，且<4.5 m
病床电梯	单台	≥1.5B
	多台单侧排列	≥1.5B_{max}
	多台双侧排列	≥相对电梯 B_{max} 之和

注：B 为轿厢深度，B_{max} 为电梯群中最大轿厢深度。

（9）自动扶梯、自动人行道应符合下列规定。

①自动扶梯和自动人行道不应作为安全出口。

②出入口畅通区的宽度从扶手带端部算起不应小于 2.5 m，人员密集的公共场所其畅通区宽度不宜小于 3.5 m。

③扶梯与楼层地板开口部位之间应设防护栏杆或栏板。

④栏板应平整、光滑和无突出物；扶手带顶面距自动扶梯前缘、自动人行道踏板面或胶带面的垂直高度不应小于 0.9 m。

⑤扶手带中心线与平行墙面或楼板开口边缘间的距离：当相邻平行交叉设置时，两梯（道）之间扶手带中心线的水平距离不应小于 0.5 m，否则应采取措施以防止障碍物对人员造成伤害。

⑥自动扶梯的梯级、自动人行道的踏板或胶带上空，垂直净高不应小于 2.3 m。

⑦自动扶梯的倾斜角不宜超过 30°，额定速度不宜大于 0.75 m/s；当提升高度不超过 6.0 m，倾斜角小于等于 35° 时，额定速度不宜大于 0.5 m/s；当自动扶梯速度大于 0.65 m/s 时，在其端部应有不小于 1.6 m 的水平移动距离作为导向行程段。

⑧倾斜式自动人行道的倾斜角不应超过 12°，额定速度不应大于 0.75 m/s；当踏板的宽度不大于 1.1 m，并且在两端出入口踏板或胶带进入梳齿板之前的水平距离不小于 1.6 m 时，自动人行道的最大额定速度可达到 0.9 m/s。

6.2.7 台阶、坡道和栏杆

（1）台阶设置应符合下列规定：

①公共建筑室内外台阶踏步宽度不宜小于 0.3 m，踏步高度不宜大于 0.15 m，且不宜小于 0.1 m；

②踏步应采取防滑措施；

③室内台阶踏步数不宜少于 2 级，当高差不足 2 级时，宜按坡道设置；

④台阶总高度超过 0.7 m 时，应在临空面采取防护设施；

⑤阶梯教室、体育场馆和影剧院观众厅纵走道的台阶设置应符合国家现行相关标准的规定。

（2）坡道设置应符合下列规定：

①室内坡道坡度不宜大于 1∶8，室外坡道坡度不宜大于 1∶10；

②当室内坡道水平投影长度超过 15.0 m 时，宜设休息平台，平台宽度应根据使用功能或设备尺寸所需缓冲空间而定；

③坡道应采取防滑措施；

④当坡道总高度超过 0.7 m 时，应在临空面采取防护设施；

⑤供轮椅使用的坡道应符合现行国家标准《无障碍设计规范》（GB 50763—2012）的相关规定。

（3）阳台、外廊、室内回廊、内天井、上人屋面及室外楼梯等临空处应设置防护栏杆，并应符合下列规定。

①栏杆应以坚固、耐久的材料制作，并应能承受现行国家标准《建筑结构荷载规范》（GB 50009—2012）及其他国家现行相关标准规定的水平荷载。

②当临空高度在 24.0 m 以下时，栏杆高度不应低于 1.05 m；当临空高度在 24.0 m 及其以上时，栏杆高度不应低于 1.1 m。上人屋面和交通、商业、旅馆、医院、学校等建筑临开敞中庭的栏杆高度不应小于 1.2 m。

③栏杆或栏板高度应从所在楼地面或屋面至栏杆扶手顶面垂直高度计算，当底面有宽度大于或等于 0.22 m，且高度小于或等于 0.45 m 的可踏部位时，应从可踏部位顶面起计算。

④公共场所及住宅栏杆离地面 0.10 m 高度范围内不宜留空。

（4）住宅、托儿所、幼儿园、中小学及其他少年儿童专用活动场所的栏杆必须采取防止攀爬的构造。当采用垂直杆件做栏杆时，其杆件净间距不应大于 0.11 m。

（5）中小学上人屋面、外廊、楼梯、平台、阳台等临空部位必须设防护栏杆，防护栏杆必须牢固、安全，高度不应低于 1.10 m。防护栏杆最薄弱处承受的最小水平推力不应小于 1.5 kN/m。

6.2.8　无障碍设计

（1）设置无障碍住房的住宅，应设置无障碍出入口；当无障碍住房设在二层及二层以上且未设置无障碍电梯时，应设置无障碍楼梯。

（2）设置电梯的住宅，当公共出入口有高差时，应设无障碍坡道。无障碍坡道应能到达住户的主要公共出入口及电梯厅。

（3）除平坡出入口外，在门完全开启的状态下，建筑物无障碍出入口的平台的净深度不应小于 1.50 m；建筑物无障碍出入口的门厅、过厅如设置两道门，门身同时开启时两道门的间距不应小于 1.50 m。

（4）平坡出入口的地面坡度不应大于 1∶20，当场地条件比较好时，不宜大于 1∶30。

（5）同时设置台阶和轮椅坡道的出入口，轮椅坡道的坡度应符合表 6-4 的规定。

表 6-4 轮椅坡道的最大高度与水平长度

坡度	1∶20	1∶16	1∶12	1∶10	1∶8
最大高度（m）	1.20	0.90	0.75	0.60	0.30
水平长度（m）	24.00	14.40	9.00	6.00	2.40

（6）轮椅坡道的净宽度不应小于 1.00 m，无障碍出入口的轮椅坡道净宽度不应小于 1.20 m。

（7）轮椅坡道的高度超过 300 mm 且坡度大于 1∶20 时，应在两侧设置扶手，坡道与休息平台的扶手应保持连贯。

（8）轮椅坡道起点、终点和中间休息平台的水平长度不应小于 1.50 m。

（9）七层及七层以上住宅建筑无障碍出入口平台宽度不应小于 2.00 m。

（10）供轮椅通行的室内走道宽度不应小于 1.20 m，室外通道不宜小于 1.50 m；人流较多或较集中的大型公共建筑的室内走道宽度不宜小于 1.80 m。

（11）自动门开启后通行净宽度不应小于 1.00 m；平开门、推拉门、折叠门开启后的通行净宽度不应小于 800 mm，有条件时，不宜小于 900 mm；在门把手一侧的墙面，应留有不小于 0.50 m 的墙面宽度；在门扇内外应留有直径不小于 1.50 m 的轮椅回转空间。

（12）门槛高度及门内外地面高差不应大于 15 mm，并以斜面过渡。

（13）公共建筑楼梯的踏步宽度不应小于 280 mm，踏步高度不应大于 160 mm；距踏步起点和终点 250~300 mm 处宜设提示盲道。

（14）无障碍电梯门洞的净宽度不宜小于 900 mm；轿厢门开启的净宽度不应小于 800 mm。

（15）候梯厅深度不宜小于 1.50 m，公共建筑及设置病床梯的候梯厅深度不宜小于 1.80 m。

（16）无障碍电梯轿厢的规格应依据建筑性质和使用要求的不同而选用。最小规格为深度不应小于 1.40 m，宽度不应小于 1.10 m；中型规格为深度不应小于 1.60 m，宽度不应小于 1.40 m；医疗建筑与老人建筑宜选用病床专用电梯。

（17）无障碍单层扶手的高度应为 850~900 mm；无障碍双层扶手的上层扶手高度应为 850~900 mm，下层扶手高度应为 650~700 mm。

（18）扶手应保持连贯，靠墙面的扶手的起点和终点处应水平延伸不小于 300 mm 的长度。

（19）设置电梯的居住建筑应至少设置 1 处无障碍出入口，通过无障碍通道直达电梯厅；未设置电梯的低层和多层居住建筑，当设置无障碍住房及宿舍时，应设置无障碍出入口。

(20)居住建筑应按每100套住房设置不少于2套无障碍住房;宿舍建筑中,男女宿舍应分别设置无障碍宿舍,每100套宿舍各应设置不少于1套无障碍宿舍。

(21)无障碍住房及宿舍宜建于底层。当无障碍住房及宿舍设在二层及其以上且未设置电梯时,其公共楼梯应至少保证1部为无障碍楼梯。

(22)居住区停车场和车库的总停车位应设置不少于0.5%的无障碍机动车停车位;若设有多个停车场和车库,宜每处设置不少于1个无障碍机动车停车位。

(23)公共建筑基地内总停车数在100辆以下时应设置不少于1个无障碍机动车停车位,100辆以上时应设置不少于总停车数1%的无障碍机动车停车位。

6.2.9 门窗

(1)门的设置应符合下列规定。

①门应开启方便、坚固耐用。

②手动开启的大门扇应有制动装置,推拉门应有防脱轨的措施。

③双面弹簧门应在可视高度部分装透明安全玻璃。

④推拉门、旋转门、电动门、卷帘门、吊门、折叠门不应作为疏散门。

⑤开向疏散走道及楼梯间的门扇开足后,不应减少走道及楼梯平台的疏散宽度。

⑥全玻璃门应选用安全玻璃或采取防护措施,并应设防撞提示标志。

⑦门的开启不应跨越变形缝。

⑧当设有门斗时,门扇同时开启时两道门的间距不应小于0.8 m;当有无障碍要求时,应不得小于1.5 m。

(2)窗的设置应符合下列规定。

①窗扇的开启形式应方便使用、安全和易于维修、清洗。

②公共走道的窗扇开启时不得影响人员通行,其底面距走道地面高度不应低于2.0 m。

③公共建筑临空外窗的窗台距楼地面净高不得低于0.8 m;否则应设置防护设施,防护设施的高度由地面起算不应低于0.8 m。

④居住建筑临空外窗的窗台距楼地面净高不得低于0.9 m;否则应设置防护设施,防护设施的高度由地面起算不应低于0.9 m。

⑤当凸窗窗台高度低于或等于0.45 m时,其防护高度从窗台面起算不应低于0.9 m;当凸窗窗台高度高于0.45 m时,其防护高度从窗台面起算不应低于0.6 m。

6.2.10 屋面

(1)屋面排水应符合下列规定。

①高层建筑、多跨及集水面积较大的屋面宜采用内排水;多层建筑屋面宜采用有组织外排水;低层建筑及檐高小于10 m的屋面,可采用无组织排水;多跨及汇水面积较大的屋面宜采用天沟排水,天沟找坡较长,宜采用中间内排水和两端外排水。

②当上层屋面雨水管的雨水排至下层屋面时，应有防止水流冲刷屋面的设施。

③屋面雨水排水系统宜设置溢流系统，溢流排水口的位置不得设在建筑出入口的上方。

④当屋面采用虹吸式雨水排水系统时，应设溢流设施，集水沟的平面尺寸应满足汇水要求和雨水斗的安装要求，集水沟宽度不宜小于 300 mm，有效深度不宜小于 250 mm，集水沟分水线处最小深度不应小于 100 mm。

⑤檐沟、天沟排水不得流经变形缝和防火墙。

⑥屋面雨水系统不得和阳台雨水系统共用管道。屋面雨水管应设在公共部位，不得在住宅套内穿越。

⑦采用平屋面排水时，两根雨水管的间距不应超过 15 m，端部雨水管到尽端的间距不应超过 7.5 m；采用檐沟排水时，两根雨水管的间距不应超过 24 m，端部雨水管到尽端的间距不应超过 12 m。

（2）平屋面工程的防水做法应符合表 6-5 的规定。

表 6-5 平屋面工程的防水做法

防水等级	防水做法	防水层	
		防水卷材	防水涂料
一级	不应少于 3 道	卷材防水层不应少于 1 道	
二级	不应少于 2 道	卷材防水层不应少于 1 道	
三级	不应少于 1 道	任选	

（3）瓦屋面工程的防水做法应符合表 6-6 的规定。

表 6-6 瓦屋面工程的防水做法

防水等级	防水做法	防水层		
		屋面瓦	防水卷材	防水涂料
一级	不应少于 3 道	为 1 道，应选	卷材防水层不应少于 1 道	
二级	不应少于 2 道	为 1 道，应选	不应少于 1 道；任选	
三级	不应少于 1 道	为 1 道，应选	—	

（4）金属屋面工程的防水做法应符合表 6-7 的规定。全焊接金属板屋面应按金属屋面工程一级防水等级的防水做法。

表 6-7 金属屋面工程的防水做法

防水等级	防水做法	防水层	
		金属板	防水卷材
一级	不应少于 2 道	为 1 道，应选	不应少于 1 道； 厚度不应小于 1.5 mm

续表

防水等级	防水做法	防水层	
		金属板	防水卷材
二级	不应少于2道	为1道,应选	不应少于1道
三级	不应少于1道	为1道,应选	—

（5）当在屋面金属板基层上采用聚氯乙烯（PVC）防水卷材、热塑性聚烯烃（TPO）防水卷材、三元乙丙橡胶（EPDM）防水卷材等外露型防水卷材，且单层使用时，防水卷材的厚度要求为一级防水不应小于1.8 mm，二级防水不应小于1.5 mm，三级防水不应小于1.2 mm。

（6）高跨屋面为无组织排水时，其低跨屋面受水冲刷的部位应加铺一层卷材，并应设40~50 mm厚、300~500 mm宽的C20细石混凝土保护层；高跨屋面为有组织排水时，水落管下应加设水簸箕。

（7）檐沟、天沟的过水断面应根据屋面汇水面积的雨水流量经计算确定。钢筋混凝土檐沟、天沟净宽不应小于300 mm，分水线处最小深度不应小于100 mm；沟内纵向坡度不应小于1%，沟底水落差不得超过200 mm。

（8）金属檐沟、天沟的纵向坡度宜为0.5%。

（9）混凝土结构层宜采用结构找坡，坡度不应小于3%；当采用材料找坡时，宜采用质量轻、吸水率低和有一定强度的材料，坡度宜为2%。

（10）屋面应设上人检修口；当屋面无楼梯通达并低于10 m时，可设外墙爬梯，并应有安全防护和防止儿童攀爬的措施；大型屋面及异形屋面的上屋面检修口宜多于2个。

（11）闷顶应设通风口和通向闷顶的检修人孔，闷顶内应设防火分隔。

（12）自然排放的烟道和排风道宜伸出屋面，同时应避开门窗和进风口。伸出高度应有利于烟气扩散，并应根据屋面形式、排出口周围遮挡物的高度、距离和积雪深度确定，伸出平屋面的高度不得小于0.6 m。伸出坡屋面的高度应符合下列规定：

①当烟道或排风道中心线距屋脊的水平面投影距离小于1.5 m时，应高出屋脊0.6 m；

②当烟道或排风道中心线距屋脊的水平面投影距离为1.5~3.0 m时，应高于屋脊，且伸出屋面高度不得小于0.6 m；

③当烟道或排风道中心线距屋脊的水平面投影距离大于3.0 m时，可适当低于屋脊，但其顶部与屋脊的连线同水平线之间的夹角不应大于10°，且伸出屋面高度不得小于0.6 m。

6.3　防火设计

6.3.1　建筑总平面布局

（1）除裙房与相邻建筑的防火间距可按单、多层建筑确定外，建筑高度大于100 m的民用建筑与相邻建筑的防火间距应符合下列规定：

①与高层民用建筑的防火间距不应小于 13 m；

②与一、二级耐火等级单、多层民用建筑的防火间距不应小于 9 m；

③与三级耐火等级单、多层民用建筑的防火间距不应小于 11 m；

④与四级耐火等级单、多层民用建筑和木结构民用建筑的防火间距不应小于 14 m。

（2）相邻两座通过连廊、天桥或下部建筑物等连接的建筑，防火间距应按照两座独立建筑确定。

（3）除受环境地理条件限制只能设置 1 条消防车道的公共建筑外，其他高层公共建筑和占地面积大于 3 000 m^2 的其他单、多层公共建筑应至少沿建筑的两条长边设置消防车道。住宅建筑应至少沿建筑的一条长边设置消防车道。当建筑仅设置 1 条消防车道时，该消防车道应位于建筑的消防车登高操作场地一侧。

（4）消防车道或兼作消防车道的道路应符合下列规定：

①道路的净宽度和净空高度应不小于 4 m，且在此范围内不允许有妨碍消防车通行的障碍物；

②转弯半径应满足消防车转弯的要求（普通消防车转弯半径不小于 9 m，特殊消防车转弯半径不小于 12 m）；

③路面及其下面的建筑结构、管道、管沟等，应满足承受消防车满载时压力的要求；

④坡度应满足消防车满载时正常通行的要求，且不应大于 10%，兼作消防救援场地的消防车道，坡度尚应满足消防车停靠和消防救援作业的要求；

⑤消防车道与建筑外墙的水平距离应满足消防车安全通行的要求，位于建筑消防扑救面一侧兼作消防救援场地的消防车道应满足消防救援作业的要求；

⑥长度大于 40 m 的尽头式消防车道应设置满足消防车回转要求的场地或道路；

⑦消防车道与建筑消防扑救面之间不应有妨碍消防车操作的障碍物，不应有影响消防车安全作业的架空高压电线。

（5）高层建筑应至少沿其一条长边设置消防车登高操作场地。未连续布置的消防车登高操作场地，应保证消防车的救援作业范围能覆盖该建筑的全部消防扑救面。

（6）消防车登高操作场地应符合下列规定：

①场地与建筑之间不应有进深大于 4 m 的裙房及其他妨碍消防车操作的障碍物或影响消防车作业的架空高压电线；

②场地及其下面的建筑结构、管道、管沟等应满足承受消防车满载时压力的要求；

③场地的坡度应满足消防车安全停靠和消防救援作业的要求。

6.3.2 建筑平面布置与防火分隔

（1）民用建筑内不应设置经营、存放或使用甲、乙类火灾危险性物品的商店、作坊或储藏间等。民用建筑内除可设置为满足建筑使用功能的附属库房外，不应设置生产场所或其他库房，不应与工业建筑组合建造。

（2）住宅与非住宅功能合建的建筑应符合下列规定。

①除汽车库的疏散出口外，住宅部分与非住宅部分之间应采用耐火极限不低于 2.00 h，且无开口的防火隔墙和耐火极限不低于 2.00 h 的不燃性楼板完全分隔。

②住宅部分与非住宅部分的安全出口和疏散楼梯应分别独立设置。

③为住宅服务的地上车库应设置独立的安全出口或疏散楼梯，地下车库的疏散楼梯间应按《建筑防火通用规范》（GB 55037—2022）第 7.1.10 条的规定分隔。

④住宅与商业设施合建的建筑按照住宅建筑的防火要求建造的，应符合的规定有：商业设施中每个独立单元之间应采用耐火极限不低于 2.00 h 且无开口的防火隔墙分隔；每个独立单元的层数不应大于 2 层，且 2 层的总建筑面积不应大于 300 m^2；每个独立单元中建筑面积大于 200 m^2 的任一楼层均应设置至少 2 个疏散出口。

（3）商店营业厅、公共展览厅等的布置应符合下列规定：

①对于一、二级耐火等级建筑，应布置在地下二层及其以上的楼层；

②对于三级耐火等级建筑，应布置在首层或二层；

③对于四级耐火等级建筑，应布置在首层。

（4）儿童活动场所的布置应符合下列规定：

①不应布置在地下或半地下；

②对于一、二级耐火等级建筑，应布置在首层、二层或三层；

③对于三级耐火等级建筑，应布置在首层或二层；

④对于四级耐火等级建筑，应布置在首层。

（5）老年人照料设施的布置应符合下列规定：

①对于一、二级耐火等级建筑，不应布置在楼地面设计标高大于 54 m 的楼层上；

②对于三级耐火等级建筑，应布置在首层或二层；

③居室和休息室不应布置在地下或半地下；

④老年人公共活动用房、康复与医疗用房，应布置在地下一层及其以上楼层，当布置在半地下或地下一层、地上四层及其以上楼层时，每个房间的建筑面积不应大于 200 m^2 且使用人数不应大于 30 人。

（6）医疗建筑中住院病房的布置和分隔应符合下列规定：

①不应布置在地下或半地下；

②对于三级耐火等级建筑，应布置在首层或二层；

③建筑内相邻护理单元之间应采用耐火极限不低于 2.00 h 的防火隔墙和甲级防火门分隔。

（7）歌舞娱乐放映游艺场所的布置和分隔应符合下列规定：

①应布置在地下一层及其以上且埋深不大于 10 m 的楼层；

②当布置在地下一层或地上四层及其以上楼层时，每个房间的建筑面积不应大于 200 m^2；

③房间之间应采用耐火极限不低于 2.00 h 的防火隔墙分隔；

④与建筑的其他部位之间应采用防火门、耐火极限不低于 2.00 h 的防火隔墙和耐火极限不低于 1.00 h 的不燃性楼板分隔。

（8）一、二级耐火等级建筑内的商店营业厅，当设置自动灭火系统和火灾自动报警系统并采用不燃或难燃装修材料时，每个防火分区的最大允许建筑面积应符合下列规定：

①设置在高层建筑内时，不应大于 4 000 m^2；

②设置在单层建筑内或仅设置在多层建筑的首层时，不应大于 10 000 m^2；

③设置在地下或半地下时，不应大于 2 000 m^2。

（9）总建筑面积大于 20 000 m^2 的地下或半地下商店，应分隔为多个建筑面积不大于 20 000 m^2 的区域且防火分隔措施应可靠、有效。

（10）除有特殊要求的建筑、木结构建筑和附建于民用建筑中的汽车库外，其他公共建筑中每个防火分区的最大允许建筑面积应符合下列规定。

①对于高层建筑，不应大于 1 500 m^2。

②对于一、二级耐火等级的单、多层建筑，不应大于 2 500 m^2；对于三级耐火等级的单、多层建筑，不应大于 1 200 m^2；对于四级耐火等级的单、多层建筑，不应大于 600 m^2。

③对于地下设备房，不应大于 1 000 m^2；对于地下其他区域，不应大于 500 m^2。

④当防火分区全部设置自动灭火系统时，上述面积可以增加 1.0 倍；当局部设置自动灭火系统时，可按该局部区域建筑面积的 1/2 计入所在防火分区的总建筑面积。

（11）下列场所应采用防火门、防火窗、耐火极限不低于 2.00 h 的防火隔墙和耐火极限不低于 1.00 h 的楼板与其他区域分隔：

①住宅建筑中的汽车库和锅炉房；

②除居住建筑中的套内自用厨房可不分隔外，建筑内的厨房；

③医疗建筑中的手术室或手术部、产房、重症监护室、贵重精密医疗装备用房、储藏间、实验室、胶片室等；

④建筑中的儿童活动场所、老年人照料设施；

⑤除消防水泵房的防火分隔应符合本节第（15）条的规定，消防控制室的防火分隔应符合本节第（16）条的规定外，其他消防设备或器材用房。

（12）燃油或燃气锅炉、可燃油油浸变压器、充有可燃油的高压电容器和多油开关、柴油发电机房等独立建造的设备用房与民用建筑贴邻时，应采用防火墙分隔，且不应贴邻建筑中人员密集的场所。上述设备用房附设在建筑内时，应符合下列规定：

①当位于人员密集的场所的上一层、下一层或贴邻时，应采取防止设备用房的爆炸作用危及上一层、下一层或相邻场所的措施；

②设备用房的疏散门应直通室外或安全出口；

③设备用房应采用耐火极限不低于 2.00 h 的防火隔墙和耐火极限不低于 1.50 h 的不燃性楼板与其他部位分隔，防火隔墙上的门、窗应为甲级防火门、窗。

（13）附设在建筑内的燃油或燃气锅炉房、柴油发电机房，除应符合本节第（12）条的规定外，尚应符合下列规定。

①常（负）压燃油或燃气锅炉房不应位于地下二层及其以下，位于屋顶的常（负）压燃气锅炉房与通向屋面的安全出口的最小水平距离不应小于 6 m；其他燃油或燃气锅炉房应位于建筑首层的靠外墙部位或地下一层的靠外侧部位，不应贴邻消防救援专用出入口、疏散楼梯（间）或人员的主要疏散通道。

②建筑内单间储油间的燃油储存量不应大于 1 m^3。油箱的通气管设置应满足防火要

求，油箱的下部应设置防止油品流散的设施。储油间应采用耐火极限不低于3.00 h的防火隔墙与发电机间、锅炉间分隔。

(14)附设在建筑内的可燃油油浸变压器、充有可燃油的高压电容器和多油开关等的设备用房，除应符合本节第(12)条的规定外，尚应符合下列规定：

①油浸变压器室、多油开关室、高压电容器室均应设置防止油品流散的设施；

②变压器室应位于建筑的靠外侧部位，不应设置在地下二层及其以下楼层；

③变压器室之间、变压器室与配电室之间应采用防火门和耐火极限不低于2.00 h的防火隔墙分隔。

(15)消防水泵房的布置和防火分隔应符合下列规定：

①单独建造的消防水泵房，耐火等级不应低于二级；

②附设在建筑内的消防水泵房应采用防火门、防火窗、耐火极限不低于2.00 h的防火隔墙和耐火极限不低于1.50 h的楼板与其他部位分隔；

③除地铁工程、水利水电工程和其他特殊工程中的地下消防水泵房可根据工程要求确定其设置楼层外，其他建筑中的消防水泵房不应设置在建筑的地下三层及其以下楼层；

④消防水泵房的疏散门应直通室外或安全出口；

⑤消防水泵房的室内环境温度不应低于5 ℃；

⑥消防水泵房应采取防水淹等措施。

(16)消防控制室的布置和防火分隔应符合下列规定：

①单独建造的消防控制室，耐火等级不应低于二级；

②附设在建筑内的消防控制室应采用防火门、防火窗、耐火极限不低于2.00 h的防火隔墙和耐火极限不低于1.50 h的楼板与其他部位分隔；

③消防控制室应位于建筑的首层或地下一层，疏散门应直通室外或安全出口；

④消防控制室的环境条件不应干扰或影响消防控制室内火灾报警与控制设备的正常运行；

⑤消防控制室内不应敷设或穿过与消防控制室无关的管线；

⑥消防控制室应采取防水淹、防潮、防啮齿动物等的措施。

(17)汽车库不应与甲、乙类生产场所或库房贴邻或组合建造。

6.3.3 建筑耐火等级

(1)地下、半地下建筑(室)的耐火等级应为一级。

(2)下列汽车库的耐火等级应为一级：

①Ⅰ类汽车库，Ⅰ类修车库；

②甲、乙类物品运输车的汽车库或修车库；

③其他高层汽车库。

(3)电动汽车充电站建筑、Ⅱ类汽车库、Ⅱ类修车库、变电站的耐火等级不应低于二级。

(4)裙房的耐火等级不应低于高层建筑主体的耐火等级。除可采用木结构的建筑外，其他建筑的耐火等级应符合本节的规定。

(5)下列民用建筑的耐火等级应为一级:
①一类高层民用建筑;
②二层和二层半式、多层式民用机场航站楼;
③ A 类广播电影电视建筑;
④四级生物安全实验室。
(6)下列民用建筑的耐火等级不应低于二级:
①二类高层民用建筑;
②一层和一层半式民用机场航站楼;
③总建筑面积大于 1 500 m^2 的单、多层人员密集场所;
④ B 类广播电影电视建筑;
⑤一级普通消防站、二级普通消防站、特勤消防站、战勤保障消防站;
⑥设置洁净手术部的建筑,三级生物安全实验室;
⑦用于灾时避难的建筑。
(7)除本节第(5)条、第(6)条规定的建筑外,下列民用建筑的耐火等级不应低于三级:
①城市和镇中心区内的民用建筑;
②老年人照料设施、教学建筑、医疗建筑。
(8)建筑高度大于 100 m 的民用建筑楼板的耐火极限不应低于 2.00 h。一级耐火等级民用建筑的上人平屋顶、屋面板的耐火极限不应低于 1.50 h;二级耐火等级民用建筑的上人平屋顶、屋面板的耐火极限不应低于 1.00 h。

6.3.4 建筑构造与装修

1. 防火墙
(1)防火墙应直接设置在建筑的基础或具有相应耐火性能的框架、梁等承重结构上,并应从楼地面基层隔断至结构梁、楼板或屋面板的底面。防火墙与建筑外墙、屋顶相交处,防火墙上的门、窗等开口,应采取防止火灾蔓延至防火墙另一侧的措施。
(2)当防火墙任一侧的建筑结构或构件以及物体受火的作用发生破坏或倒塌并作用到防火墙时,防火墙应仍能阻止火灾蔓延至防火墙的另一侧。
(3)防火墙的耐火极限不应低于 3.00 h。甲、乙类厂房和甲、乙、丙类仓库内的防火墙,耐火极限不应低于 4.00 h。
2. 防火隔墙与幕墙
(1)防火隔墙应从楼地面基层隔断至梁、楼板或屋面板的底面基层,防火隔墙上的门、窗等开口应采取防止火灾蔓延至防火隔墙另一侧的措施。
(2)住宅分户墙、住宅单元之间的墙体、防火隔墙与建筑外墙、楼板、屋顶相交处,应采取防止火灾蔓延至另一侧的防火封堵措施。
(3)建筑外墙上、下层开口之间应采取防止火灾沿外墙开口蔓延至建筑其他楼层内的措施。在建筑外墙上水平或竖向相邻开口之间用于防止火灾蔓延的墙体、隔板或防火挑檐等实体分隔结构,其耐火性能均不应低于该建筑外墙的耐火性能要求。住宅建筑外墙上相邻套房开口之间的水平距离或防火措施应满足防止火灾通过相邻开口蔓延的要求。

（4）建筑幕墙应在每层楼板外沿处采取防止火灾通过幕墙空腔等构造竖向蔓延的措施。

3. 竖井、管线防火和防火封堵

（1）电梯井应独立设置，电梯井内不应敷设或穿过可燃气体或甲、乙、丙类液体管道及与电梯运行无关的电线或电缆等。电梯层门的耐火完整性不应低于 2.00 h。

（2）电气竖井、管道井、排烟或通风道、垃圾井等竖井应分别独立设置，井壁的耐火极限均不应低于 1.00 h。

（3）除通风管道井、送风管道井、排烟管道井、必须通风的燃气管道竖井及其他有特殊要求的竖井可不在层间的楼板处分隔外，其他竖井应在每层楼板处采取防火分隔措施，且防火分隔组件的耐火性能不应低于楼板的耐火性能。

（4）电气线路和各类管道穿过防火墙、防火隔墙、竖井井壁、建筑变形缝处和楼板处的孔隙应采取防火封堵措施。防火封堵组件的耐火性能不应低于防火分隔部位的耐火性能要求。

（5）通风和空气调节系统的管道、防烟与排烟系统的管道穿过防火墙、防火隔墙、楼板、建筑变形缝处，建筑内未按防火分区独立设置的通风和空气调节系统中的竖向风管与每层水平风管交接的水平管段处，均应采取防止火灾通过管道蔓延至其他防火分隔区域的措施。

4. 防火门、防火窗、防火卷帘和防火玻璃墙

（1）防火门、防火窗应具有自动关闭的功能，在关闭后应具有烟密闭的性能。宿舍的居室、老年人照料设施的老年人居室、旅馆建筑的客房开向公共内走廊或封闭式外走廊的疏散门，应在关闭后具有烟密闭的性能。宿舍的居室、旅馆建筑的客房的疏散门，应具有自动关闭的功能。

（2）下列部位的门应为甲级防火门：

①设置在防火墙上的门、疏散走道在防火分区处设置的门；

②设置在耐火极限要求不低于 3.00 h 的防火隔墙上的门；

③电梯间、疏散楼梯间与汽车库连通的门；

④室内开向避难走道前室的门、避难间的疏散门；

⑤多层乙类仓库和地下、半地下及多、高层丙类仓库中从库房通向疏散走道或疏散楼梯间的门。

（3）除建筑直通室外和屋面的门可采用普通门外，下列部位的门的耐火性能不应低于乙级防火门的要求，且其中建筑高度大于 100 m 的建筑相应部位的门应为甲级防火门：

①甲、乙类厂房，多层丙类厂房，人员密集的公共建筑和其他高层工业与民用建筑中封闭楼梯间的门；

②防烟楼梯间及其前室的门；

③消防电梯前室或合用前室的门；

④前室开向避难走道的门；

⑤地下、半地下及多、高层丁类仓库中从库房通向疏散走道或疏散楼梯的门；

⑥歌舞娱乐放映游艺场所中的房间疏散门；

⑦从室内通向室外疏散楼梯的疏散门；

⑧设置在耐火极限要求不低于 2.00 h 的防火隔墙上的门。

（4）电气竖井、管道井、排烟道、排气道、垃圾道等竖井井壁上的检查门，应符合下列规定：

①对于埋深大于 10 m 的地下建筑或地下工程，应为甲级防火门；

②对于建筑高度大于 100 m 的建筑，应为甲级防火门；

③对于层间无防火分隔的竖井和住宅建筑的合用前室，门的耐火性能不应低于乙级防火门的要求；

④对于其他建筑，门的耐火性能不应低于丙级防火门的要求，当竖井在楼层处无水平防火分隔时，门的耐火性能不应低于乙级防火门的要求。

（5）平时使用的人民防空工程中代替甲级防火门的防护门、防护密闭门、密闭门，耐火性能不应低于甲级防火门的要求，且不应用于平时使用的公共场所的疏散出口处。

（6）设置在防火墙和要求耐火极限不低于 3.00 h 的防火隔墙上的窗应为甲级防火窗。

（7）下列部位的窗的耐火性能不应低于乙级防火窗的要求：

①歌舞娱乐放映游艺场所中房间开向走道的窗；

②设置在避难间或避难层中避难区对应外墙上的窗；

③其他要求耐火极限不低于 2.00 h 的防火隔墙上的窗。

（8）用于防火分隔的防火卷帘应符合下列规定：

①应具有在火灾时不需要依靠电源等外部动力源而依靠自重自行关闭的功能；

②耐火性能不应低于防火分隔部位的耐火性能要求；

③应在关闭后具有烟密闭的性能；

④在同一防火分隔区域的界限处采用多樘防火卷帘分隔时，应具有同步降落封闭开口的功能。

（9）用于防火分隔的防火玻璃墙，耐火性能不应低于所在防火分隔部位的耐火性能要求。

5. 建筑的内部和外部装修

（1）建筑内部装修不应擅自减少、改动、拆除、遮挡消防设施或器材及其标识、疏散指示标志、疏散出口、疏散走道或疏散横通道，不应擅自改变防火分区或防火分隔、防烟分区及其分隔，不应影响消防设施或器材的使用功能和正常操作。

（2）下列部位不应使用影响人员安全疏散和消防救援的镜面反光材料：

①疏散出口的门；

②疏散走道及其尽端、疏散楼梯间及其前室的顶棚、墙面和地面；

③供消防救援人员进出建筑的出入口的门、窗；

④消防专用通道、消防电梯前室或合用前室的顶棚、墙面和地面。

（3）下列部位的顶棚、墙面和地面内部装修材料的燃烧性能均应为 A 级：

①避难走道、避难层、避难间；

②疏散楼梯间及其前室；

③消防电梯前室或合用前室。

（4）消防控制室地面装修材料的燃烧性能不应低于 B_1 级，顶棚和墙面内部装修材料的燃烧性能均应为A级。下列设备用房的顶棚、墙面和地面内部装修材料的燃烧性能均应为A级：

①消防水泵房、机械加压送风机房、排烟机房、固定灭火系统钢瓶间等消防设备间；

②配电室、油浸变压器室、发电机房、储油间；

③通风和空气调节机房；

④锅炉房。

（5）歌舞娱乐放映游艺场所内部装修材料的燃烧性能应符合下列规定：

①顶棚装修材料的燃烧性能应为A级；

②其他部位装修材料的燃烧性能均不应低于 B_1 级；

③设置在地下或半地下的歌舞娱乐放映游艺场所，墙面装修材料的燃烧性能应为A级。

（6）下列场所设置在地下或半地下时，室内装修材料不应使用易燃材料、石棉制品、玻璃纤维、塑料类制品，顶棚、墙面、地面的内部装修材料的燃烧性能均应为A级：

①汽车客运站、港口客运站、铁路车站的进出站通道、进出站厅、候乘厅；

②地铁车站、民用机场航站楼、城市民航值机厅的公共区；

③交通换乘厅、换乘通道。

（7）建筑的外部装修和户外广告牌的设置，应满足防止火灾通过建筑外立面蔓延的要求，不应妨碍建筑的消防救援或火灾时建筑的排烟与排热，不应遮挡或减小消防救援口。

6. 建筑保温

（1）建筑的外保温系统不应采用燃烧性能低于 B_2 级的保温材料或制品。当采用 B_1 级或 B_2 级燃烧性能的保温材料或制品时，应采取防止火灾通过保温系统在建筑的立面或屋面蔓延的措施或构造。

（2）建筑的外围护结构采用保温材料与两侧不燃性结构构成无空腔复合保温结构体时，该复合保温结构体的耐火极限不应低于所在外围护结构的耐火性能要求。当保温材料的燃烧性能为 B_1 级或 B_2 级时，保温材料两侧不燃性结构的厚度均不应小于50 mm。

（3）飞机库的外围护结构、内部隔墙和屋面保温隔热层均应采用燃烧性能为A级的材料，飞机库大门及采光材料的燃烧性能均不应低于 B_1 级。

（4）除上述第（2）条规定的情况外，下列老年人照料设施的内、外保温系统和屋面保温系统均应采用燃烧性能为A级的保温材料或制品：

①独立建造的老年人照料设施；

②与其他功能的建筑组合建造且老年人照料设施部分的总建筑面积大于500 m^2 的老年人照料设施。

（5）除上述第（2）条规定的情况外，下列建筑或场所的外墙外保温材料的燃烧性能应为A级：

①人员密集场所；

②设置人员密集场所的建筑。

（6）除上述第（2）条规定的情况外，住宅建筑采用与基层墙体、装饰层之间无空腔的外墙外保温系统时，保温材料或制品的燃烧性能应符合下列规定：

①建筑高度大于 100 m 时，应为 A 级；

②建筑高度大于 27 m 且不大于 100 m 时，不应低于 B_1 级。

（7）除上述第（3）条、第（4）条、第（5）条、第（6）条规定的建筑外，其他建筑采用与基层墙体、装饰层之间无空腔的外墙外保温系统时，保温材料或制品的燃烧性能应符合下列规定：

①建筑高度大于 50 m 时，应为 A 级；

②建筑高度大于 24 m 且不大于 50 m 时，不应低于 B_1 级。

（8）除上述第（3）条、第（4）条、第（5）条规定的建筑外，其他建筑采用与基层墙体、装饰层之间有空腔的外墙外保温系统时，保温系统应符合下列规定：

①建筑高度大于 24 m 时，保温材料或制品的燃烧性能应为 A 级；

②建筑高度不大于 24 m 时，保温材料或制品的燃烧性能不应低于 B_1 级；

③外墙外保温系统与基层墙体、装饰层之间的空腔，应在每层楼板处采取防火分隔与封堵措施。

（9）下列场所或部位内保温系统中保温材料或制品的燃烧性能应为 A 级：

①人员密集场所；

②使用明火、燃油、燃气等有火灾危险的场所；

③疏散楼梯间及其前室；

④避难走道、避难层、避难间；

⑤消防电梯前室或合用前室。

（10）除上述第（9）条规定的场所或部位外，其他场所或部位内保温系统中保温材料或制品的燃烧性能均不应低于 B_1 级。当采用 B_1 级燃烧性能的保温材料时，保温系统的外表面应采取使用不燃材料设置防护层等防火措施。

6.3.5 安全疏散

1. 一般规定

（1）建筑的疏散出口数量、位置和宽度，疏散楼梯（间）的形式和宽度，避难设施的位置和面积等，应与建筑的使用功能、火灾危险性、耐火等级、建筑高度或层数、埋深、建筑面积、人员密度、人员特性等相适应。

（2）建筑中的疏散出口应分散布置，房间疏散门应直接通向安全出口，不应经过其他房间。疏散出口的宽度和数量应满足人员安全疏散的要求。各层疏散楼梯的净宽度应符合下列规定：

①对于建筑的地上楼层，各层疏散楼梯的净宽度均不应小于其上部各层中要求疏散净宽度的最大值；

②对于建筑的地下楼层或地下建筑、平时使用的人民防空工程，各层疏散楼梯的净宽度均不应小于其下部各层中要求疏散净宽度的最大值。

（3）建筑中的最大疏散距离应根据建筑的耐火等级、火灾危险性、空间高度、疏散楼梯

(间)的形式和使用人员的特点等因素确定,并应符合下列规定:

①疏散距离应满足人员安全疏散的要求;

②房间内任一点至房间疏散门的疏散距离,不应大于建筑中位于袋形走道两侧或尽端房间的疏散门至最近安全出口的最大允许疏散距离。

(4)疏散出口门、疏散走道、疏散楼梯等的净宽度应符合下列规定:

①疏散出口门、室外疏散楼梯的净宽度均不应小于0.80 m;

②住宅建筑中直通室外地面的住宅户门的净宽度不应小于0.80 m,当住宅建筑高度不大于18 m且一边设置栏杆时,室内疏散楼梯的净宽度不应小于1.0 m,其他住宅建筑室内疏散楼梯的净宽度不应小于1.1 m;

③疏散走道、首层疏散外门、公共建筑中的室内疏散楼梯的净宽度均不应小于1.1 m;

④净宽度大于4.0 m的疏散楼梯、室内疏散台阶或坡道,应设置扶手栏杆将其分隔为宽度均不大于2.0 m的区段。

(5)在疏散通道、疏散走道、疏散出口处,不应有任何影响人员疏散的物体,并应在疏散通道、疏散走道、疏散出口的明显位置设置明显的指示标志。疏散通道、疏散走道、疏散出口的净高度均不应小于2.1 m。疏散走道在防火分区分隔处应设置疏散门。

(6)除设置在丙、丁、戊类仓库首层靠墙外侧的推拉门或卷帘门可用于疏散门外,疏散出口门应为平开门或在火灾时具有平开功能的门,且下列场所或部位的疏散出口门应向疏散方向开启:

①甲、乙类生产场所;

②甲、乙类物质的储存场所;

③平时使用的人民防空工程中的公共场所;

④其他建筑中使用人数大于60人的房间或每樘门的平均疏散人数大于30人的房间;

⑤疏散楼梯间及其前室的门;

⑥室内通向室外疏散楼梯的门。

(7)疏散出口门应能在关闭后从任何一侧手动开启。开向疏散楼梯(间)或疏散走道的门在完全开启时,不应减少楼梯平台或疏散走道的有效净宽度。除住宅的户门可不受限制外,建筑中控制人员出入的闸口和设置门禁系统的疏散出口门应具有在火灾时自动释放的功能,且人员不需使用任何工具即能容易地从内部打开,在门内一侧的显著位置应设置明显的标识。

(8)室内疏散楼梯间应符合下列规定。

①疏散楼梯间内不应设置烧水间、可燃材料储藏室、垃圾道及其他影响人员疏散的凸出物或障碍物。

②疏散楼梯间内不应设置或穿过甲、乙、丙类液体管道。

③在住宅建筑的疏散楼梯间内设置可燃气体管道和可燃气体计量表时,应采用敞开楼梯间,并应采取防止燃气泄漏的防护措施;其他建筑的疏散楼梯间及其前室内不应设置可燃或助燃气体管道。

④疏散楼梯间及其前室与其他部位的防火分隔不应使用卷帘。

⑤除疏散楼梯间及其前室的出入口、外窗和送风口,住宅建筑疏散楼梯间前室或合用前

室内的管道井检查门外，疏散楼梯间及其前室或合用前室内的墙上不应设置其他门、窗等开口。

⑥自然通风条件不符合防烟要求的封闭楼梯间，应采取机械加压防烟措施或采用防烟楼梯间。

⑦防烟楼梯间前室的使用面积，公共建筑、高层厂房、高层仓库、平时使用的人民防空工程及其他地下工程，不应小于 6.0 m^2；住宅建筑，不应小于 4.5 m^2。与消防电梯前室合用的前室的使用面积，公共建筑、高层厂房、高层仓库、平时使用的人民防空工程及其他地下工程，不应小于 10.0 m^2；住宅建筑，不应小于 6.0 m^2。

⑧疏散楼梯间及其前室上的开口与建筑外墙上的其他相邻开口最近边缘之间的水平距离不应小于 1.0 m。当距离不符合要求时，应采取防止火势通过相邻开口蔓延的措施。

（9）通向避难层的疏散楼梯应使人员在避难层处必须经过避难区上下。除通向避难层的疏散楼梯外，疏散楼梯（间）在各层的平面位置不应改变或应能使人员的疏散路线保持连续。

（10）除住宅建筑套内的自用楼梯外，建筑的地下或半地下室、平时使用的人民防空工程、其他地下工程的疏散楼梯间应符合下列规定：

①当埋深不大于 10 m 或层数不大于 2 层时，应为封闭楼梯间；

②当埋深大于 10 m 或层数不小于 3 层时，应为防烟楼梯间；

③地下楼层的疏散楼梯间与地上楼层的疏散楼梯间，应在直通室外地面的楼层采用耐火极限不低于 2.00 h 且无开口的防火隔墙分隔；

④在楼梯的各楼层入口处均应设置明显的标识。

（11）室外疏散楼梯应符合下列规定：

①室外疏散楼梯的栏杆扶手高度不应小于 1.10 m，倾斜角度不应大于 45°；

②除 3 层及 3 层以下建筑的室外疏散楼梯可采用难燃性材料或木结构外，室外疏散楼梯的梯段和平台均应采用不燃材料；

③除疏散门外，楼梯周围 2.0 m 内的墙面上不应设置其他开口，疏散门不应正对梯段。

（12）火灾时用于辅助人员疏散的电梯及其设置应符合下列规定：

①应具有在火灾时仅停靠特定楼层和首层的功能；

②电梯附近的明显位置应设置标示电梯用途的标志和操作说明；

③其他要求应符合《建筑防火通用规范》（GB 55037—2022）中有关消防电梯的规定。

（13）设置在消防电梯或疏散楼梯间前室内的非消防电梯，防火性能不应低于消防电梯的防火性能。

（14）建筑高度大于 100 m 的工业与民用建筑应设置避难层，且第一个避难层的楼面至消防车登高操作场地地面的高度不应大于 50 m。

（15）避难层应符合下列规定。

①避难区的净面积应满足该避难层与上一避难层之间所有楼层的全部使用人数避难的要求。

②除可布置设备用房外，避难层不应用于其他用途。设置在避难层内的可燃液体管道、可燃或助燃气体管道应集中布置，设备管道区应采用耐火极限不低于 3.00 h 的防火隔墙与

避难区及其他公共区分隔。管道井和设备间应采用耐火极限不低于2.00 h的防火隔墙与避难区及其他公共区分隔。设备管道区、管道井和设备间与避难区或疏散走道连通时，应设置防火隔间，防火隔间的门应为甲级防火门。

③避难层应设置消防电梯出口、消火栓、消防软管卷盘、灭火器、消防专线电话和应急广播。

④在避难层进入楼梯间的入口处和疏散楼梯通向避难层的出口处，均应在明显位置设置标示避难层和楼层位置的灯光指示标识。

⑤避难区应采取防止火灾烟气进入或积聚的措施，并应设置可开启外窗。

⑥避难区应至少有一边水平投影位于同一侧的消防车登高操作场地范围内。

（16）避难间应符合下列规定：

①避难区的净面积应满足避难间所在区域设计避难人数避难的要求；

②避难间兼作其他用途时，应采取保证人员安全避难的措施；

③避难间应靠近疏散楼梯间，不应在可燃物库房、锅炉房、发电机房、变配电站等火灾危险性大的场所的正下方、正上方或贴邻；

④避难间应采用耐火极限不低于2.00 h的防火隔墙和甲级防火门与其他部位分隔；

⑤避难间应采取防止火灾烟气进入或积聚的措施，并应设置可开启外窗，除外窗和疏散门外，避难间不应设置其他开口；

⑥避难间内不应敷设或穿过输送可燃液体、可燃或助燃气体的管道；

⑦避难间内应设置消防软管卷盘、灭火器、消防专线电话和应急广播；

⑧在避难间入口处的明显位置应设置标示避难间的灯光指示标识。

（17）汽车库或修车库的室内疏散楼梯应符合下列规定：

①建筑高度大于32 m的高层汽车库，应为防烟楼梯间；

②建筑高度不大于32 m的汽车库，应为封闭楼梯间；

③地上修车库，应为封闭楼梯间；

④地下、半地下汽车库，应符合《建筑防火通用规范》（GB 55037—2022）第7.1.10条的规定。

（18）汽车库内任一点至最近人员安全出口的疏散距离应符合下列规定。

①单层汽车库、位于建筑首层的汽车库，无论汽车库是否设置自动灭火系统，均不应大于60 m。

②其他汽车库，未设置自动灭火系统时，不应大于45 m；设置自动灭火系统时，不应大于60 m。

2. 住宅建筑

（1）住宅建筑中符合下列条件之一的住宅单元，每层的安全出口不应少于2个：

①任一层建筑面积大于650 m^{2}的住宅单元；

②建筑高度大于54 m的住宅单元；

③建筑高度不大于27 m，但任一户门至最近安全出口的疏散距离大于15 m的住宅单元；

④建筑高度大于27 m、不大于54 m，但任一户门至最近安全出口的疏散距离大于10 m

的住宅单元。

（2）住宅建筑的室内疏散楼梯应符合下列规定：

①建筑高度不大于 21 m 的住宅建筑，当户门的耐火完整性低于 1.00 h 时，与电梯井相邻布置的疏散楼梯应为封闭楼梯间；

②建筑高度大于 21 m、不大于 33 m 的住宅建筑，当户门的耐火完整性低于 1.00 h 时，疏散楼梯应为封闭楼梯间；

③建筑高度大于 33 m 的住宅建筑，疏散楼梯应为防烟楼梯间，开向防烟楼梯间前室或合用前室的户门应为耐火性能不低于乙级的防火门；

④建筑高度大于 27 m、不大于 54 m 且每层仅设置 1 部疏散楼梯的住宅单元，户门的耐火完整性不应低于 1.00 h，疏散楼梯应通至屋面；

⑤多个单元的住宅建筑中通至屋面的疏散楼梯应能通过屋面连通。

3. 公共建筑

（1）公共建筑内每个防火分区或一个防火分区的每个楼层的安全出口不应少于 2 个；仅设置 1 个安全出口或 1 部疏散楼梯的公共建筑应符合下列条件之一：

①除托儿所、幼儿园外，建筑面积不大于 200 m^2 且人数不大于 50 人的单层公共建筑或多层公共建筑的首层；

②除医疗建筑、老年人照料设施、儿童活动场所、歌舞娱乐放映游艺场所外，符合表 6-8 规定的公共建筑。

表 6-8 仅设置 1 个安全出口或 1 部疏散楼梯的公共建筑

建筑的耐火等级或类型	最多层数	每层最大建筑面积（m^2）	人数
一、二级	3 层	200	第二、三层的人数之和不大于 50 人
三级、木结构建筑	3 层	200	第二、三层的人数之和不大于 25 人
四级	2 层	200	第二层人数不大于 15 人

（2）公共建筑内每个房间的疏散门不应少于 2 个；儿童活动场所、老年人照料设施中的老年人活动场所、医疗建筑中的治疗室和病房、教学建筑中的教学用房，当位于走道尽端时，疏散门不应少于 2 个；公共建筑内仅设置 1 个疏散门的房间应符合下列条件之一：

①对于儿童活动场所、老年人照料设施中的老年人活动场所，房间位于两个安全出口之间或袋形走道两侧且建筑面积不大于 50 m^2；

②对于医疗建筑中的治疗室和病房、教学建筑中的教学用房，房间位于两个安全出口之间或袋形走道两侧且建筑面积不大于 75 m^2；

③对于歌舞娱乐放映游艺场所，房间的建筑面积不大于 50 m^2 且经常停留人数不大于 15 人；

④对于其他用途的场所，房间位于两个安全出口之间或袋形走道两侧且建筑面积不大于 120 m^2；

⑤对于其他用途的场所，房间位于走道尽端且建筑面积不大于 50 m^2；

⑥对于其他用途的场所，房间位于走道尽端且建筑面积不大于 200 m²、房间内任一点至疏散门的直线距离不大于 15 m、疏散门的净宽度不小于 1.40 m。

（3）位于高层建筑内的儿童活动场所，安全出口和疏散楼梯应独立设置。

（4）下列公共建筑的室内疏散楼梯应为防烟楼梯间：

①一类高层公共建筑；

②建筑高度大于 32 m 的二类高层公共建筑。

（5）下列公共建筑中与敞开式外廊不直接连通的室内疏散楼梯均应为封闭楼梯间：

①建筑高度不大于 32 m 的二类高层公共建筑；

②多层医疗建筑、旅馆建筑、老年人照料设施及类似使用功能的建筑；

③设置歌舞娱乐放映游艺场所的多层建筑；

④多层商店建筑、图书馆、展览建筑、会议中心及类似使用功能的建筑；

⑤六层及六层以上的其他多层公共建筑。

（6）剧场、电影院、礼堂和体育馆的观众厅或多功能厅的疏散门不应少于 2 个，且每个疏散门的平均疏散人数不应大于 250 人；当容纳人数大于 2 000 人时，其超过 2 000 人的部分，每个疏散门的平均疏散人数不应大于 400 人。

（7）除剧场、电影院、礼堂、体育馆外的其他公共建筑，疏散出口、疏散走道和疏散楼梯各自的总净宽度，应根据疏散人数和每 100 人所需最小疏散净宽度计算确定，并应符合下列规定：

①疏散出口、疏散走道和疏散楼梯每 100 人所需最小疏散净宽度不应小于表 6-9 的规定值。

表 6-9　疏散出口、疏散走道和疏散楼梯每 100 人所需最小疏散净宽度　单位：m/100 人

建筑层数或埋深		建筑的耐火等级或类型		
		一、二级	三级、木结构建筑	四级
地上楼层	1 层~2 层	0.65	0.75	1.00
	3 层	0.75	1.00	—
	不小于 4 层	1.00	1.25	—
地下、半地下楼层	埋深不大于 10 m	0.75	—	—
	埋深大于 10 m	1.00	—	—
	歌舞娱乐放映游艺场所及其他人员密集的房间	1.00	—	—

②除不用作其他楼层人员疏散并直通室外地面的外门总净宽度，可按本层的疏散人数计算确定外，首层外门的总净宽度应按该建筑疏散人数最大一层的人数计算确定。

③歌舞娱乐放映游艺场所中录像厅的疏散人数，应根据录像厅的建筑面积按不小于 1.0 人/ m² 计算；歌舞娱乐放映游艺场所中其他用途房间的疏散人数，应根据房间的建筑面积按不小于 0.5 人/ m² 计算。

（8）医疗建筑的避难间设置应符合下列规定：

①高层病房楼应在第二层及其以上的病房楼层和洁净手术部设置避难间；

②楼地面距室外设计地面高度大于 24 m 的洁净手术部及重症监护区，每个防火分区应至少设置 1 间避难间；

③每间避难间服务的护理单元不应大于 2 个，每个护理单元的避难区净面积不应小于 25.0 m^2；

④避难间的其他防火要求，应符合《建筑防火通用规范》(GB 55037—2022)的规定。

6.4 节能设计

6.4.1 公共建筑节能设计

1. 一般规定

(1)单栋建筑面积大于 300 m^2 的建筑，或单栋建筑面积小于或等于 300 m^2 但总建筑面积大于 1 000 m^2 的建筑群，应为甲类公共建筑；单栋建筑面积小于或等于 300 m^2 的建筑，应为乙类公共建筑。

(2)代表城市的建筑热工设计分区应按表 6-10 确定。

表 6-10 代表城市的建筑热工设计分区

<table>
<tr><th colspan="2">气候分区及气候子区</th><th>代表城市</th></tr>
<tr><td rowspan="3">严寒地区</td><td>严寒 A 区</td><td rowspan="2">博克图、伊春、呼玛、海拉尔、满洲里、阿尔山、玛多、黑河、嫩江、海伦、齐齐哈尔、富锦、哈尔滨、牡丹江、大庆、安达、佳木斯、二连浩特、多伦、大柴旦、阿勒泰、那曲</td></tr>
<tr><td>严寒 B 区</td></tr>
<tr><td>严寒 C 区</td><td>长春、通化、延吉、通辽、四平、抚顺、阜新、沈阳、本溪、鞍山、呼和浩特、包头、鄂尔多斯、赤峰、额济纳旗、大同、乌鲁木齐、克拉玛依、酒泉、西宁、日喀则、甘孜、康定</td></tr>
<tr><td rowspan="2">寒冷地区</td><td>寒冷 A 区</td><td rowspan="2">丹东、大连、张家口、承德、唐山、青岛、洛阳、太原、阳泉、晋城、天水、榆林、延安、宝鸡、银川、平凉、兰州、喀什、伊宁、阿坝、拉萨、林芝、北京、天津、石家庄、保定、邢台、济南、德州、兖州、郑州、安阳、徐州、运城、西安、咸阳、吐鲁番、库尔勒、哈密</td></tr>
<tr><td>寒冷 B 区</td></tr>
<tr><td rowspan="2">夏热冬冷地区</td><td>夏热冬冷 A 区</td><td rowspan="2">南京、蚌埠、盐城、南通、合肥、安庆、九江、武汉、黄石、岳阳、汉中、安康、上海、杭州、宁波、温州、宜昌、长沙、南昌、株洲、永州、赣州、韶关、桂林、重庆、万州、涪陵、南充、宜宾、成都、遵义、凯里、绵阳、南平</td></tr>
<tr><td>夏热冬冷 B 区</td></tr>
<tr><td rowspan="2">夏热冬暖地区</td><td>夏热冬暖 A 区</td><td rowspan="2">福州、莆田、龙岩、梅州、兴宁、英德、河池、柳州、贺州、泉州、厦门、广州、深圳、湛江、汕头、南宁、北海、梧州、海口、三亚</td></tr>
<tr><td>夏热冬暖 B 区</td></tr>
<tr><td rowspan="2">温和地区</td><td>温和 A 区</td><td>昆明、贵阳、丽江、会泽、腾冲、保山、大理、楚雄、曲靖、泸西、屏边、广南、兴义、独山</td></tr>
<tr><td>温和 B 区</td><td>瑞丽、耿马、临沧、澜沧、思茅、江城、蒙自</td></tr>
</table>

2. 建筑设计

(1)严寒和寒冷地区公共建筑体形系数应符合表 6-11 规定。

表 6-11　严寒和寒冷地区公共建筑体形系数

单栋建筑面积 A（m^2）	建筑体形系数
$300<A\leqslant800$	≤0.50
$A>800$	≤0.40

（2）严寒地区甲类公共建筑各单一立面窗墙面积比（包括透光幕墙）均不宜大于 0.60；其他地区甲类公共建筑各单一立面窗墙面积比（包括透光幕墙）均不宜大于 0.70。

（3）甲类公共建筑单一立面窗墙面积比小于 0.40 时，透光材料的可见光透射比不应小于 0.60；甲类公共建筑单一立面窗墙面积比大于等于 0.40 时，透光材料的可见光透射比不应小于 0.40。

（4）夏热冬暖、夏热冬冷、温和地区的建筑各朝向外窗（包括透光幕墙）均应采取遮阳措施；寒冷地区的建筑宜采取遮阳措施。当设置外遮阳时，东西向宜设置活动外遮阳，南向宜设置水平外遮阳；建筑外遮阳装置应兼顾通风及冬季日照。

（5）甲类公共建筑的屋顶透光部分面积不应大于屋顶总面积的 20%。当不能满足本条的规定时，必须进行权衡判断。

（6）单一立面外窗（包括透光幕墙）的有效通风换气面积应符合下列规定：

①甲类公共建筑外窗（包括透光幕墙）应设可开启窗扇，其有效通风换气面积不宜小于所在房间外墙面积的 10%；当透光幕墙受条件限制无法设置可开启窗扇时，应设置通风换气装置。

②乙类公共建筑外窗有效通风换气面积不宜小于窗面积的 30%。

（7）严寒地区建筑的外门应设置门斗；寒冷地区建筑面向冬季主导风向的外门应设置门斗或双层外门，其他外门宜设置门斗或应采取其他减少冷风渗透的措施；夏热冬冷、夏热冬暖和温和地区建筑的外门应采取保温隔热措施。

3. 围护结构热工设计

（1）根据建筑热工设计的气候分区，甲类公共建筑的围护结构热工性能应分别符合表 6-12~表 6-17 的规定。当不能满足上述规定时，必须进行权衡判断。

表 6-12　严寒 A、B 区甲类公共建筑围护结构热工性能限值

围护结构部位	体形系数≤0.30	0.30< 体形系数≤0.50
	传热系数 K [W/（m^2·K）]	
屋面	≤0. 28	≤0.25
外墙（包括非透光幕墙）	≤0.38	≤0.35
底面接触室外空气的架空或外挑楼板	≤0.38	≤0.35
地下车库与供暖房间之间的楼板	≤0.50	≤0.50
非供暖楼梯间与供暖房间之间的隔墙	≤1.2	≤1.2

续表

围护结构部位		体形系数≤0.30	0.30< 体形系数≤0.50
		传热系数 K [W/(m²·K)]	
单一立面外窗（包括透光幕墙）	窗墙面积比≤0.20	≤2.7	≤2.5
	0.20<窗墙面积比≤0.30	≤2.5	≤2.3
	0.30<窗墙面积比≤0.40	≤2.2	≤2.0
	0.40<窗墙面积比≤0.50	≤1.9	≤1.7
	0. 50<窗墙面积比≤0.60	≤1.6	≤1.4
	0.60<窗墙面积比≤0.70	≤1.5	≤1.4
	0.70<窗墙面积比≤0.80	≤1.4	≤1.3
	窗墙面积比>0.80	≤1.3	≤1.2
屋顶透光部分（屋顶透光部分面积≤20%）		≤2. 2	
围护结构部位		保温材料层热阻 R [(m²·K)/w]	
周边地面		≥1.I	
供暖地下室与土壤接触的外墙		≥1.1	
变形缝（两侧墙内保温时）		≥1.2	

表 6-13　严寒 C 区甲类公共建筑围护结构热工性能限值

围护结构部位		体形系数≤0.30	0.30< 体形系数≤0.50
		传热系数 K [W/(m²·K)]	
屋面		≤0. 35	≤0.28
外墙（包括非透光幕墙）		≤0.43	≤0.38
底面接触室外空气的架空或外挑楼板		≤0.43	≤0.38
地下车库与供暖房间之间的楼板		≤0.70	≤0.70
非供暖楼梯间与供暖房间之间的隔墙		≤1.5	≤1.5
单一立面外窗（包括透光幕墙）	窗墙面积比≤0.20	≤2.9	≤2.7
	0.20<窗墙面积比≤0.30	≤2.6	≤2.4
	0.30<窗墙面积比≤0.40	≤2.3	≤2.1
	0.40<窗墙面积比≤0.50	≤2.0	≤1.7
	0. 50<窗墙面积比≤0.60	≤1.7	≤1.5
	0.60<窗墙面积比≤0.70	≤1.7	≤1.5
	0.70<窗墙面积比≤0.80	≤1.5	≤1.4
	窗墙面积比>0.80	≤1.4	≤1.3
屋顶透光部分（屋顶透光部分面积≤20%）		≤2. 3	
围护结构部位		保温材料层热阻 R [(m²·K)/w]	
周边地面		≥1.I	
供暖地下室与土壤接触的外墙		≥1.1	
变形缝（两侧墙内保温时）		≥1.2	

表 6-14　寒冷地区甲类公共建筑围护结构热工性能限值

围护结构部位		体形系数≤0.30		0.30<体形系数≤0.50	
		传热系数 *K* [W/(m²·K)]	太阳得热系数 *SHGC*(东、南、西向/北向)	传热系数 *K* [W/(m²·K)]	太阳得热系数 *SHGC*(东、南、西向/北向)
屋面		≤0. 45	—	≤0.40	—
外墙(包括非透光幕墙)		≤0.50	—	≤0.45	—
底面接触室外空气的架空或外挑楼板		≤0.50	—	≤0.45	—
地下车库与供暖房间之间的楼板		≤1.0	—	≤1.0	—
非供暖楼梯间与供暖房间之间的隔墙		≤1.5	—	≤1.5	—
单一立面外窗(包括透光幕墙)	窗墙面积比≤0.20	≤3.0	—	≤2.8	—
	0.20<窗墙面积比≤0.30	≤2.7	≤0.52/—	≤2.5	≤0.52/—
	0.30<窗墙面积比≤0.40	≤2.4	≤0.48/—	≤2.2	≤0.48/—
	0.40<窗墙面积比≤0.50	≤2.2	≤0.43/—	≤1.9	≤0.43/—
	0. 50<窗墙面积比≤0.60	≤2.0	≤0.40/—	≤1.7	≤0.40/—
	0.60<窗墙面积比≤0.70	≤1.9	≤0.35/0.60	≤1.7	≤0.35/0.60
	0.70<窗墙面积比≤0.80	≤1.6	≤0.35/0.52	≤1.5	≤0.35/0.52
	窗墙面积比>0.80	≤1.5	≤0.30/0.52	≤1.4	≤0.30/0.52
屋顶透光部分(屋顶透光部分面积≤20%)		≤2.4	≤0.44	≤2.4	≤0.35
围护结构部位		保温材料层热阻 *R* [(m²·K)/w]			
周边地面		≥0.60			
供暖、空调地下室外墙(与土壤接触的墙)		≥0.60			
变形缝(两侧墙内保温时)		≥0.90			

表 6-15　夏热冬冷地区甲类公共建筑围护结构热工性能限值

围护结构部位		传热系数 *K* [W/(m²·K)]	太阳得热系数 *SHGC*(东、南、西向/北向)
屋面	围护结构热惰性指标 *D*≤2.5	≤0.40	—
	围护结构热惰性指标 *D*>2.5	≤0.50	—
外墙(包括非透光幕墙)	围护结构热惰性指标 *D*≤2.5	≤0.60	—
	围护结构热惰性指标 *D*>2.5	≤0.80	—
底面接触室外空气的架空或外挑楼板		≤0.70	—

续表

围护结构部位		传热系数 K [W/(m²·K)]	太阳得热系数 SHGC（东、南、西向/北向）
单一立面外窗（包括透光幕墙）	窗墙面积比≤0.20	≤3.5	—
	0.20<窗墙面积比≤0.30	≤3.0	≤0.44/0.48
	0.30<窗墙面积比≤0.40	≤2.6	≤0.40/0.44
	0.40<窗墙面积比≤0.50	≤2.4	≤0.35/0.40
	0. 50<窗墙面积比≤0.60	≤2.2	≤0.35/0.40
	0.60<窗墙面积比≤0.70	≤2.2	≤0.30/0.35
	0.70<窗墙面积比≤0.80	≤2.0	≤0.26/0.35
	窗墙面积比>0.80	≤1.8	≤0.24/0.30
屋顶透明部分（屋顶透明部分面积≤20%）		≤2. 6	≤0.30

表 6-16 夏热冬暖地区甲类公共建筑围护结构热工性能限值

围护结构部位		传热系数 K [W/(m²·K)]	太阳得热系数 SHGC（东、南、西向/北向）
屋面	围护结构热惰性指标 D≤2.5	≤0.50	—
	围护结构热惰性指标 D>2.5	≤0.80	
外墙（包括非透光幕墙）	围护结构热惰性指标 D≤2.5	≤0.80	—
	围护结构热惰性指标 D>2.5	≤1.5	
底面接触室外空气的架空或外挑楼板		≤1.5	—
单一立面外窗（包括透光幕墙）	窗墙面积比≤0.20	≤5.2	≤0.52/—
	0.20<窗墙面积比≤0.30	≤4.0	≤0.44/0.52
	0.30<窗墙面积比≤0.40	≤3.0	≤0.35/0.44
	0.40<窗墙面积比≤0.50	≤2.7	≤0.35/0.40
	0. 50<窗墙面积比≤0.60	≤2.5	≤0.26 /0.35
	0.60<窗墙面积比≤0.70	≤2.5	≤0.24/0.30
	0.70<窗墙面积比≤0.80	≤2.5	≤0.22/0.26
	窗墙面积比>0.80	≤2.0	≤0.18/0.26
屋顶透光部分（屋顶透光部分面积≤20%）		≤3.0	≤0.30

表 6-17 温和地区甲类公共建筑围护结构热工性能限值

围护结构部位		传热系数 K [W/(m²·K)]	太阳得热系数 SHGC（东、南、西向/北向）
屋面	围护结构热惰性指标 D≤2.5	≤0.50	—
	围护结构热惰性指标 D>2.5	≤0.80	

续表

围护结构部位		传热系数 K [W/(m²·K)]	太阳得热系数 SHGC（东、南、西向/北向）
外墙（包括非透光幕墙）	围护结构热惰性指标 D≤2.5	≤0.80	—
	围护结构热惰性指标 D>2.5	≤1.5	
单一立面外窗（包括透光幕墙）	窗墙面积比≤0.20	≤5.2	—
	0.20<窗墙面积比≤0.30	≤4.0	≤0.44/0.48
	0.30<窗墙面积比≤0.40	≤3.0	≤0.40/0.44
	0.40<窗墙面积比≤0.50	≤2.7	≤0.35/0.40
	0. 50<窗墙面积比≤0.60	≤2.5	≤0.35/0.40
	0.60<窗墙面积比≤0.70	≤2.5	≤0.30/0.35
	0.70<窗墙面积比≤0.80	≤2.5	≤0.26/0.35
	窗墙面积比>0.80	≤2.0	≤0.24/0.30
屋顶透光部分(屋顶透光部分面积≤20%)		≤3.0	≤0.30

注：传热系数 K 只适用于温和 A 区，温和 B 区的传热系数 K 不作要求。

（2）乙类公共建筑的围护结构热工性能应符合表 6-18 和表 6-19 的规定。

表 6-18　乙类公共建筑屋面、外墙、楼板热工性能限值

围护结构部位	传热系数 K [W/(m²·K)]				
	严寒 A、B 区	严寒 C 区	寒冷地区	夏热冬冷地区	夏热冬暖地区
屋面	≤0.35	≤0.45	≤0.55	≤0.70	≤0.90
外墙(包括非透光幕墙)	≤0.45	≤0.50	≤0.60	≤1.0	≤1.5
底面接触室外空气的架空或外挑楼板	≤0.45	≤0.50	≤0.60	≤1.0	—
地下车库与供暖房间之间的楼板	≤0.50	≤0.70	≤1.0	—	—

表 6-19　乙类公共建筑外窗(包括透光幕墙)热工性能限值

围护结构部位	传热系数 K [W/(m²·K)]					太阳得热系数 SHGC		
外窗（包括透光幕墙）	严寒 A、B 区	严寒 C 区	寒冷地区	夏热冬冷地区	夏热冬暖地区	寒冷地区	夏热冬冷地区	夏热冬暖地区
单一立面外窗（包括透光幕墙）	≤2.0	≤2.2	≤2.5	≤3.0	≤4.0	—	≤0.52	≤0.48
屋顶透光部分（屋顶透光部分面积≤20%）	≤2.0	≤2.2	≤2.5	≤3.0	≤4.0	≤0.44	≤0.35	≤0.30

（3）建筑外门、外窗的气密性分级应符合国家标准《建筑外门窗气密、水密、抗风压性能检测方法》(GB/T 7106—2019)中的规定，并应满足下列要求：

① 10 层及其以上建筑外窗的气密性不应低于 7 级；

② 10 层以下建筑外窗的气密性不应低于 6 级；

③严寒和寒冷地区外门的气密性不应低于 4 级。

（4）建筑幕墙的气密性应符合国家标准《建筑幕墙》（GB/T 21086—2007）中的规定且不应低于 3 级。

（5）当公共建筑入口大堂采用全玻幕墙时，全玻幕墙中非中空玻璃的面积不应超过同一立面透光面积（门窗和玻璃幕墙）的 15%，且应按同一立面透光面积（含全玻幕墙面积）加权计算平均传热系数。

6.4.2 严寒和寒冷地区居住建筑节能设计

1. 建筑设计

（1）严寒和寒冷地区城镇的气候区属应符合现行国家标准《民用建筑热工设计规范》（GB 50176—2016）的规定，严寒地区分为 3 个二级区（1A、1B、1C 区），寒冷地区分为 2 个二级区（2A、2B 区）。

（2）严寒和寒冷地区居住建筑的体形系数不应大于表 6-20 规定的限值。当体形系数大于表 6-20 规定的限值时，必须按《严寒和寒冷地区居住建筑节能设计标准》（JGJ 26—2018）的规定进行围护结构热工性能的权衡判断。

表 6-20 体形系数限值

气候区	建筑层数	
	≤3 层	≥4 层
严寒地区（1 区）	0.55	0.30
寒冷地区（2 区）	0.57	0.33

（3）严寒和寒冷地区居住建筑的窗墙面积比不应大于表 6-21 规定的限值。当窗墙面积比大于表 6-21 规定的限值时，必须按《严寒和寒冷地区居住建筑节能设计标准》（JGJ 26—2018）的规定进行围护结构热工性能的权衡判断。

表 6-21 窗墙面积比限值

朝向	窗墙面积比	
	严寒地区（1 区）	寒冷地区（2 区）
北	0.25	0.30
东、西	0.30	0.35
南	0.45	0.50

注：①敞开式阳台的阳台门上部透光部分应计入窗户面积，下部不透光部分不应计入窗户面积。

②表中的窗墙面积比应按开间计算。表中的“北”代表从北偏东小于 60° 至北偏西小于 60° 的范围；“东、西”代表从东或西偏北小于等于 30° 至偏南小于 60° 的范围；“南”代表从南偏东小于等于 30° 至偏西小于等于 30° 的范围。

（4）严寒地区居住建筑的屋面天窗与该房间屋面面积的比值不应大于 0.10，寒冷地区不应大于 0.15。

（5）楼梯间及外走廊与室外连接的开口处应设置窗或门，且该窗和门应能密闭，门宜采用自动密闭措施。

（6）严寒 A、B 区的楼梯间宜供暖，设置供暖的楼梯间的外墙和外窗的热工性能应满足《严寒和寒冷地区居住建筑节能设计标准》（JGJ 26—2018）要求。非供暖楼梯间的外墙和外窗宜采取保温措施。

（7）有采光要求的主要功能房间，室内各表面的加权平均反射比不应低于 0.4。

（8）建筑物上安装太阳能热利用或太阳能光伏发电系统，不得降低本建筑和相邻建筑的日照标准。

2. 围护结构热工设计

（1）根据建筑物所处城市的气候分区区属不同，建筑外围护结构的传热系数不应大于表 6-22~表 6-26 规定的限值，周边地面和地下室外墙的保温材料层热阻不应小于表 6-22~表 6-26 规定的限值。当建筑外围护结构的热工性能参数不满足上述规定时，必须按照《严寒和寒冷地区居住建筑节能设计标准》（JGJ 26—2018）的规定进行围护结构热工性能的权衡判断。

表 6-22　严寒 A 区（1A 区）外围护结构热工性能参数限值

围护结构部位		传热系数 K [W/（m^2·K）]	
		≤3 层	≥4 层
屋面		0. 15	0. 15
外墙		0.25	0.35
架空或外挑楼板		0.25	0.35
外窗	窗墙面积比≤0.30	1.4	1.6
	0.30<窗墙面积比≤0.45	1.4	1.6
屋面天窗		1.4	
围护结构部位		保温材料层热阻 R [（m^2·K）/w]	
周边地面		2.00	2.00
地下室外墙（与土壤接触的外墙）		2.00	2.00

表 6-23　严寒 B 区（1B 区）外围护结构热工性能参数限值

围护结构部位	传热系数 K [W/（m^2·K）]	
	≤3 层	≥4 层
屋面	0.20	0.20
外墙	0.25	0.35
架空或外挑楼板	0.25	0.35

续表

围护结构部位		传热系数 K [W/（m²·K）]	
		≤3 层	≥4 层
外窗	窗墙面积比≤0.30	1.4	1.8
	0.30<窗墙面积比≤0.45	1.4	1.6
屋面天窗		1.4	
围护结构部位		保温材料层热阻 R [（m²·K）/w]	
周边地面		1.80	1.80
地下室外墙（与土壤接触的外墙）		2.00	2.00

表 6-24 严寒 C 区（1C 区）外围护结构热工性能参数限值

围护结构部位		传热系数 K [W/（m²·K）]	
		≤3 层	≥4 层
屋面		0.20	0.20
外墙		0.30	0.40
架空或外挑楼板		0.30	0.40
外窗	窗墙面积比≤0.30	1.6	2.0
	0.30<窗墙面积比≤0.45	1.4	1.8
屋面天窗		1.6	
围护结构部位		保温材料层热阻 R [（m²·K）/w]	
周边地面		1.80	1.80
地下室外墙（与土壤接触的外墙）		2.00	2.00

表 6-25 寒冷 A 区（2A 区）外围护结构热工性能参数限值

围护结构部位		传热系数 K [W/（m²·K）]	
		≤3 层	≥4 层
屋面		0.25	0.25
外墙		0.35	0.45
架空或外挑楼板		0.35	0.45
外窗	窗墙面积比≤0.30	1.8	2.2
	0.30<窗墙面积比≤0.50	1.5	2.0
屋面天窗		1.8	
围护结构部位		保温材料层热阻 R [（m²·K）/w]	
周边地面		1.60	1.60
地下室外墙（与土壤接触的外墙）		1.80	1.80

表 6-26 寒冷 B 区(2B 区)外围护结构热工性能参数限值

围护结构部位		传热系数 K [W/(m²·K)]	
		≤3 层	≥4 层
屋面		0.30	0.30
外墙		0.35	0.45
架空或外挑楼板		0.35	0.45
外窗	窗墙面积比≤0.30	1.8	2.2
	0.30<窗墙面积比≤0.50	1.5	2.0
屋面天窗		1.8	
围护结构部位		保温材料层热阻 R [(m²·K)/w]	
周边地面		1.50	1.50
地下室外墙(与土壤接触的外墙)		1.60	1.60

注：① 周边地面和地下室外墙的保温材料层不包括土壤和其他构造层。

②外墙(含地下室外墙)保温层应深入室外地坪以下，并超过当地冻土层的深度。

(2)根据建筑物所处城市的气候分区区属不同，建筑内围护结构的传热系数不应大于表 6-27 规定的限值。

表 6-27 内围护结构热工性能参数限值

围护结构部位	传热系数 K [W/(m²·K)]			
	严寒 A 区（1A 区）	严寒 B 区（1B 区）	严寒 C 区（1C 区）	严寒 A、B 区（2A、2B 区）
阳台门下部门芯板	1.2	1.2	1.2	1.7
非供暖地下室顶板(上部为供暖房间时)	0.35	0.40	0.45	0.50
分隔供暖与非供暖空间的隔墙、楼板	1.2	1.2	1.5	1.5
分隔供暖与非供暖空间的户门	1.5	1.5	1.5	2.0
分隔供暖设计温度温差大于 5K 的隔墙、楼板	1.5	1.5	1.5	1.5

(3)寒冷 B 区(2B 区)夏季外窗太阳得热系数不应大于表 6-28 规定的限值，夏季天窗的太阳得热系数不应大于 0.45。

表 6-28 寒冷 B 区(2B 区)夏季外窗太阳得热系数的限值

外窗的窗墙面积比	夏季太阳得热系数(东、西向)
20%<窗墙面积比≤30%	—
30%<窗墙面积比≤40%	0.55
40%<窗墙面积比≤50%	0.50

(4)寒冷 B 区建筑的南向外窗(包括阳台的透光部分)宜设置水平遮阳，东、西向的外

窗宜设置活动遮阳。当设置了展开或关闭后可以全部遮蔽窗户的活动式外遮阳时,应认定满足表 6-28 对外窗太阳得热系数的要求。

(5)严寒地区除南向外不应设置凸窗,其他朝向不宜设置凸窗;寒冷地区北向的卧室、起居室不应设置凸窗,北向其他房间和其他朝向不宜设置凸窗。当设置凸窗时,凸窗凸出(从外墙面至凸窗外表面)不应大于 400 mm;凸窗的传热系数限值应比普通窗降低 15%,且其不透光的顶部、底部、侧面的传热系数应小于或等于外墙的传热系数。当计算窗墙面积比时,凸窗的窗面积应按窗洞口面积计算。

(6)外窗及敞开式阳台门应具有良好的密闭性能。严寒和寒冷地区外窗及敞开式阳台门的气密性等级不应低于国家标准《建筑外门窗气密、水密、抗风压性能检测方法》(GB/T 7106—2019)中规定的 6 级。

(7)封闭式阳台的保温应符合下列规定。

①阳台和直接连通的房间之间应设置隔墙和门、窗。

②当阳台和直接连通的房间之间不设置隔墙和门、窗时,应将阳台作为所连通房间的一部分。阳台与室外空气接触的外围护结构的热工性能应符合相关规定,窗墙面积比应符合表 6-21 的规定。

③当阳台和直接连通的房间之间设置隔墙和门、窗,且所设隔墙、门、窗的热工性能符合本节围护结构热工设计第(1)条和第(6)条的规定,窗墙面积比符合表 6-21 的规定时,可不对阳台外表面作特殊热工要求。

④当阳台和直接连通的房间之间设置隔墙和门、窗,且所设隔墙、门、窗的热工性能不符合本节围护结构热工设计第(1)条和第(6)条的规定时,阳台与室外空气接触的墙板、顶板、地板的传热系数不应大于本节围护结构热工设计第(1)条中所列限值的 120%,严寒地区阳台窗的传热系数不应大于 2.0 W/($m^2 \cdot K$),寒冷地区阳台窗的传热系数不应大于 2.2 W/($m^2 \cdot K$),阳台外表面的窗墙面积比不应大于 0.60,阳台和直接连通房间隔墙的窗墙面积比不应超过表 6-21 规定的限值。当阳台的面宽小于直接连通房间的开间宽度时,可按房间的开间计算隔墙的窗墙面积比。

(8)外窗(门)框(或附框)与墙体之间的缝隙,应采用高效保温材料填堵密实,不得采用普通水泥砂浆补缝。

(9)外窗(门)洞口的侧墙面应做保温处理,并应保证窗(门)洞口室内部分的侧墙面的内表面温度不低于室内空气设计温、湿度条件下的露点温度,减小附加热损失。

(10)当外窗(门)的安装采用金属附框时,应对附框进行保温处理。

6.5 室内环境

6.5.1 日照

(1)每套住宅应至少有一个居住空间能获得冬季日照。当一套住宅中居住空间总数不小于 4 个时，其中应有 2 个居住空间能获得冬季日照，并满足现行相关规范及各地方主管部门的相关要求。获得冬季日照的居住空间，其日照标准应满足相关规定。

（2）老年人居住建筑日照标准应不低于冬至日日照时数 2 h。

（3）老年人照料设施中的居室日照标准应不低于冬至日日照时数 2 h，不满足时按下列规定确定：

①同一照料单元的单元起居厅日照标准应不低于冬至日日照时数 2 h；

②同一生活单元内至少 1 个居住空间日照标准应不低于冬至日日照时数 2 h。

（4）托儿所、幼儿园的活动室、寝室及具有相同功能的区域，冬至日底层满窗日照应不小于 3 h；幼儿园室外游戏场地应有 1/2 以上面积冬至日日照时间不小于 2 h。

（5）中小学校普通教室冬至日满窗日照应不小于 2 h。

（6）医院 50%以上病房冬至日满窗日照应不小于 2 h。

6.5.2　天然采光

（1）采光应符合下列规定：

①每套住宅至少应有一个居住空间满足采光系数标准要求，当一套住宅中居住空间总数超过 4 个时，其中应有 2 个及 2 个以上满足采光系数标准要求；

②老年人居住建筑和幼儿园的主要功能房间应有不小于 75%的面积满足采光系数标准要求。

（2）有效采光窗面积计算应符合下列规定。

①侧面采光时，民用建筑采光口离地面高度 0.75 m 以下的部分不应计入有效采光面积。

②侧窗采光口上部的挑檐、装饰板、防火通道及阳台等外部遮挡物在采光计算时，应按实际遮挡参与计算。如江苏省相关标准规定：卧室、起居室、厨房侧窗采光口上部设置有效深度超过 1.00 m 以上的外廊、阳台等外挑遮挡物时，其有效采光面积按采光口面积的 70%计算。

③顶部采光（或天窗采光）时，其有效面积可按侧窗采光口面积的 2.5 倍计算。

（3）住宅建筑的卧室、起居室（厅）、厨房应有直接天然采光。

（4）居住建筑的卧室、起居室（厅）、厨房和医疗建筑的一般病房的采光不应低于采光等级Ⅳ级的采光系数标准值，采光窗洞口的窗地面积比不应低于 1.1/7。

（5）教育建筑的普通教室的采光不应低于采光等级Ⅲ级的采光系数标准值，其窗地面积比不应低于 1/5。

（6）设有采光窗的楼梯间、卫生间采光窗洞口的窗地面积比不应低于 1.1/12。

（7）住宅套内设有 2 个及 2 个以上的卫生间时，应有 1 个卫生间直接采光、自然通风。住宅套内仅设 1 个卫生间时，夏热冬冷地区住宅卫生间应直接对外采光、自然通风，单室套及寒冷地区住宅卫生间宜直接对外采光、通风。

6.5.3 自然通风

（1）建筑物应根据使用功能和室内环境要求设置与室外空气直接流通的外窗或洞口；当不能设置外窗和洞口时，应另设置通风设施。

（2）采用直接自然通风的空间，通风开口有效面积应符合下列规定。

①生活、工作的房间的通风开口有效面积不应小于该房间地面面积的 1/20。

②厨房的通风开口有效面积不应小于该房间地板面积的 1/10，并不得小于 0.6 m^2；当厨房外设置阳台时，阳台的自然通风开口面积不应小于厨房和阳台地板面积总和的 1/10。

③进出风开口的位置应避免设在通风不良区域，且应避免进出风开口气流短路。

（3）严寒地区居住建筑中的厨房、厕所、卫生间应设自然通风道或通风换气设施。

（4）自然通风道或通风换气装置的位置不应设于门附近。

（5）无外窗的浴室、厕所、卫生间应设机械通风换气设施。

（6）建筑内的公共卫生间宜设置机械排风系统。

6.5.4 隔声

（1）电梯井道及电梯机房不应紧邻卧室布置。当受条件限制，电梯不得不紧邻兼起居的卧室布置时，应采取隔声、减振的构造措施。

（2）昼间卧室内、起居室（厅）等效连续 A 声级不应大于 45 dB，夜间卧室内等效连续 A 声级不应大于 37 dB；分户墙和分户楼板的空气声隔声评价量不应小于 45 dB，分隔住宅和非居住用途空间的楼板的空气声隔声评价量不应小于 51 dB。

学习单元7　建筑施工图设计实例

7.1　住宅建筑施工图图纸

【附二维码：可扫二维码查看住宅建筑施工图图纸】

7.2　公共建筑施工图图纸

【附二维码：可扫二维码查看公共建筑施工图图纸】

参考资料

[1] 华夫荣,赵霁欣,卢誉心,等. 建筑施工图设计技术措施指导手册[M]. 北京:中国建筑工业出版社,2021.

[2] 中华人民共和国住房和城乡建设部. 建筑防火通用规范: GB 55037—2022[S]. 北京:中国计划出版社,2023.

[3] 中华人民共和国住房和城乡建设部. 民用建筑设计统一标准: GB 50352—2019[S]. 北京:中国建筑工业出版社,2019.

[4] 中华人民共和国住房和城乡建设部. 建筑设计防火规范(2018 年版): GB 50016—2014[S]. 北京:中国计划出版社,2015.

[5] 单立欣,穆丽丽. 建筑施工图设计[M]. 北京:机械工业出版社,2011.

[6] 中华人民共和国住房和城乡建设部. 住宅设计规范: GB 50096—2011[S]. 北京:中国计划出版社,2012.

[7] 中华人民共和国住房和城乡建设部. 无障碍设计规范: GB 50763—2012[S]. 北京:中国建筑工业出版社,2012.

[8] 中华人民共和国住房和城乡建设部. 建筑专业设计常用数据: 17J911[S]. 北京:中国计划出版社,2017.

[9] 中华人民共和国住房和城乡建设部. 建筑内部装修设计防火规范: GB 50222—2017[S]. 北京:中国计划出版社,2018.

[10] 中华人民共和国住房和城乡建设部. 防火卷帘、防火门、防火窗施工及验收规范: GB 50877—2014[S]. 北京:中国计划出版社,2014.

[11] 中华人民共和国住房和城乡建设部. 民用建筑热工设计规范: GB 50176—2016[S]. 北京:中国建筑工业出版社,2017.

[12] 中华人民共和国住房和城乡建设部. 公共建筑节能设计标准: GB 50189—2015[S]. 北京:中国建筑工业出版社,2015.

[13] 中华人民共和国住房和城乡建设部. 严寒和寒冷地区居住建筑节能设计标准: JGJ 26—2018[S]. 北京:中国建筑工业出版社,2019.

[14] 中华人民共和国住房和城乡建设部. 绿色建筑评价标准: GB 50378—2019[S]. 北京:中国建筑工业出版社,2019.

[15] 中华人民共和国住房和城乡建设部. 建筑节能与可再生能源利用通用规范: GB 55015—2021[S]. 北京:中国建筑工业出版社,2022.

[16] 中华人民共和国住房和城乡建设部. 建筑与市政工程防水通用规范: GB 55030—2022[S]. 北京:中国建筑工业出版社,2023.

[17] 中华人民共和国住房和城乡建设部,中华人民共和国国家质量监督检验检疫总局. 屋面工程技术规范:GB 50345—2012[S]. 北京:中国建筑工业出版社,2012.

[18] 中华人民共和国中南建筑设计院. 建筑工程设计文件编制深度规定[M]. 北京:中国计划出版社,2017.